中国沿海湿地保护绿皮书

（2017）

Green Papers of China’s Coastal Wetland Conservation

于秀波　张　立　主编

科 学 出 版 社

北　京

内 容 简 介

本书主要内容包括中国沿海湿地保护十大进展、最值得关注的十块滨海湿地、沿海湿地健康指数、沿海湿地保护典型区域等。书中首先梳理了2015年6月至2017年6月我国在湿地保护法制建设、湿地保护修复政策、滨海湿地保护体系、湿地保护修复工程、湿地保护科技支撑体系、公众意识与参与机制及国际合作与交流等方面的进展。然后介绍了经过社会公众推荐、专家评审推选出的受科研机构、社会团体和民间组织共同关注的十块滨海湿地。在借鉴海洋健康指数计算方法的基础上，根据滨海湿地的主要服务功能及数据的可获得性，建立了我国滨海湿地健康指数，并对沿海11个省（自治区、直辖市）和35个国家级自然保护区的湿地健康状况进行了评估。最后系统阐述了两个沿海湿地保护典型区域——黄河三角洲湿地和辽河口湿地的健康状况及湿地恢复案例。

本书可供从事湿地保护与管理的政府官员、湿地类型保护区与国家湿地公园的管理和技术人员、研究人员，以及关心湿地与候鸟保护的公众阅读参考。

审图号：GS（2018）1371号

图书在版编目（CIP）数据

中国沿海湿地保护绿皮书. 2017/ 于秀波，张立主编. —北京：科学出版社，2018.3

ISBN 978-7-03-056732-1

Ⅰ. ①中… Ⅱ. ①于… ②张… Ⅲ. ①沿海 - 沼泽化地 - 自然资源保护 - 研究报告 - 中国 -2017 Ⅳ. ① P942.078

中国版本图书馆 CIP 数据核字（2018）第 045722 号

责任编辑：王海光 郝晨扬 / 责任校对：郑金红

责任印制：肖 兴 / 封面设计：刘新新

科学出版社出版

北京东黄城根北街16号

邮政编码：100717

http://www.sciencep.com

中国科学院印刷厂印刷

科学出版社发行 各地新华书店经销

*

2018年3月第 一 版 开本：889×1194 1/16

2018年3月第一次印刷 印张：12 1/2

字数：232 000

定价：150.00元

（如有印装质量问题，我社负责调换）

项目指导机构

国家林业局湿地保护管理中心

项目资助机构

阿拉善 SEE 基金会

阿拉善 SEE 华东项目中心

阿拉善 SEE 华北项目中心

红树林基金会

项目实施机构

中国科学院地理科学与资源研究所

项目协调组及顾问

项目协调组

组　长：

张　立　阿拉善SEE基金会秘书长、北京师范大学教授

副组长：

刘　雷　阿拉善SEE华东项目中心主席

田文红　阿拉善SEE华北项目中心秘书长

闫保华　红树林基金会副秘书长

成　员：

张博文　阿拉善SEE基金会

柏樱岚　阿拉善SEE基金会

孔　璨　阿拉善SEE华东项目中心

赵悦彤　阿拉善SEE华北项目中心

雷　兵　红树林基金会

项目顾问

鲍达明　国家林业局湿地保护管理中心总工程师

刘亚文　中国湿地保护协会副会长、常务副秘书长

雷光春　北京林业大学自然保护区学院教授

张正旺　北京师范大学生命科学学院教授

崔保山　北京师范大学环境学院教授

《中国沿海湿地保护绿皮书（2017）》
编 委 会

柏樱岚　阿拉善 SEE 基金会
段后浪　中国科学院地理科学与资源研究所
侯西勇　中国科学院烟台海岸带研究所
姜鲁光　中国科学院地理科学与资源研究所
莫训强　天津师范大学地理与环境科学学院
贾亦飞　北京林业大学自然保护区学院
夏少霞　中国科学院地理科学与资源研究所
钱法文　中国林业科学院中国鸟类环志中心
黄　翀　中国科学院地理科学与资源研究所
章　麟　勺嘴鹬在中国
韩永祥　中国沿海水鸟同步调查组
摆万奇　中国科学院地理科学与资源研究所
雷维蟠　北京师范大学生命科学学院
阙品甲　北京师范大学生命科学学院
窦月含　荷兰瓦赫宁根大学环境科学学院

作 者 简 介

于秀波　中国科学院地理科学与资源研究所研究员，中国科学院大学资源与环境学院岗位教授、博士生导师，中国生态系统研究网络（CERN）科学委员会秘书长。主要研究领域包括生态系统监测与服务评估、生态系统优化管理与恢复政策、湿地保护与可持续利用。主编“生命之河”系列丛书，协调并编写《推进流域综合管理　重建中国生命之河》《中国生态系统服务与管理战略》《中国滨海湿地保护管理战略研究》等研究报告，发表高水平学术论文 80 篇，主编和参编学术专著 25 部。2016 年获中国生态系统研究网络科技贡献奖。

张　立　阿拉善 SEE 基金会秘书长，北京师范大学教授、博士生导师，中国动物学会理事、副秘书长；国际生物科学联合会（IUBS）生物伦理委员会委员、中国执行委员会委员。长期从事集体林权制度改革、生态补偿、自然保护地立法、社区协议保护、《濒危野生动植物种国际贸易公约》等环境政策对野生动物保护的影响研究，在 *Nature*、*Science*、*Ecosystem Services* 等知名学术期刊发表学术论文 70 余篇。长期从事在华国际民间环保组织管理工作，2016 年 4 月 1 日被任命为阿拉善 SEE 基金会理事、秘书长。

机构简介

阿拉善 SEE 基金会

阿拉善 SEE 基金会（注册名：北京市企业家环保基金会）成立于 2008 年，由阿拉善 SEE 生态协会发起（阿拉善 SEE 生态协会在 2004 年 6 月 5 日世界环境日，由来自全国的 67 位企业家共同成立，目前已有近 700 位中国企业家会员加入）。以社会（society）责任为己任，以企业家（entrepreneur）为主体，以生态（ecology）保护为目标，阿拉善 SEE 基金会致力于资助和扶持中国民间环保非政府组织（NGO）的成长，打造企业家、NGO、公众共同参与的社会化保护平台，共同推动生态保护和可持续发展。2014 年底转型为公募基金会。基金会主要围绕四大领域开展项目研究，分别为环保公益行业发展、荒漠化防治、绿色供应链与污染防治、生态保护与自然教育。基金会成立近 10 年来已累计投入环保资金 3.5 亿元，支持了 400 余个环保组织和个人在全国范围内开展环境保护工作。

红树林基金会

红树林基金会（全称为深圳市红树林湿地保护基金会，Shenzhen Mangrove Wetlands Conservation Foundation，MCF）成立于 2012 年 7 月，是国内首家由民间发起的环保公募基金会。基金会由阿拉善 SEE 生态协会、热衷公益的企业家，以及深圳市相关部门倡导发起。由深圳大学前校长章必功担任理事长，王石、马蔚华担任联席会长。自成立以来，基金会始终聚焦滨海湿地，以深圳为原点，致力于以红树林为代表的滨海湿地保护和公众环境教育。迄今，红树林基金会（MCF）已组建了一个涵盖保育、教育、科研、国际交流等方面的专业人员团队，在各级政府、专家学者、企业和公益合作伙伴等全社会的支持下，创建了社会化参与的自然保育模式。

中国沿海湿地保护网络

中国沿海湿地保护网络（China's Coastal Wetland Conservation Network）于 2015 年 6 月

17日在福州成立，由国家林业局湿地保护管理中心与保尔森基金会共同发起，旨在打造沿海省份湿地保护与管理的长期性合作与交流平台，并促进网络成员达成协调一致的保护行动。中国沿海湿地保护网络的基本职能是连接北起辽宁、南至海南的沿海11个省（自治区、直辖市）湿地管理部门和保护组织，为提高中国沿海湿地保护和管理的整体效能搭建合作与交流平台，在网络成员之间分享实践经验和促进协调一致的保护行动及信息共享。中国沿海湿地保护网络定期召开年会，组织开展水鸟同步监测与调查、专业技能培训，制定沿海湿地与水鸟保护的宣传与自然教育战略，提高公众保护湿地意识。

序　一

沿海11个省（自治区、直辖市）是我国湿地重要分布区，其中滨海是连接陆地与海洋生态系统的关键交错带，是全球最为重要的湿地资源，具有复杂而独特的生态过程，不仅具有提供水产品、净化水质、蓝色碳汇、减缓风暴潮和台风危害等生态系统服务功能，而且是众多迁徙水鸟繁育、停歇和越冬的关键栖息地，是东亚－澳大利西亚候鸟迁徙路线的关键区域，在全球生物多样性保护上具有极其重要的意义。

2014年3月，中华人民共和国国际湿地公约履约办公室、保尔森基金会和中国科学院地理科学与资源研究所共同实施了“中国滨海湿地保护管理战略研究”项目，并于2015年10月在北京共同发布了《中国滨海湿地保护管理战略研究》。该报告指出，与全国其他湿地生态系统相比，滨海湿地受到的威胁最严重，但保护程度很低。针对滨海湿地所存在的问题和保护空缺，该报告还提出了一些针对性的政策建议，许多建议已经被国家林业局等政府部门、沿海省（市）政府和非政府机构所采纳。

作为“中国滨海湿地保护管理战略研究”项目的后续行动，阿拉善SEE基金会和红树林基金会共同资助了“中国沿海湿地保护绿皮书（2017）”项目，由中国科学院地理科学与资源研究所负责实施，编写完成了《中国沿海湿地保护绿皮书（2017）》。该绿皮书重点分析了过去两年我国东部沿海地区湿地保护（特别是滨海湿地保护）的十大进展，系统介绍了亟待关注的十块滨海湿地，并对沿海11个省（自治区、直辖市）及35个国家级自然保护区的湿地健康指数进行了全面评估，是我国沿海湿地健康状况的第一份“体检报告”。

希望阿拉善SEE基金会、红树林基金会与中国科学院地理科学与资源研究所开展长期合作，采用严谨科学的湿地健康指数评估方法并从公民社会的视角，进一步完善湿地健康指数评估方法，扩大湿地评估范围，持续开展沿海湿地健康与保护进展评估，每两年编写一本《中国沿海湿地保护绿皮书》，作为国家林业局等政府部门、沿海省（市）湿地保护管理中心、各类湿地保护地及民间环保组织等的决策参考。

中国科学院院士

国家湿地科学技术专家委员会主任

阿拉善 SEE 科学顾问委员会主任

2017 年 11 月

序　二

滨海湿地不仅是东亚－澳大利西亚候鸟迁徙的重要通道，也是多种重要经济鱼类、贝类、甲壳类的栖息地，更是沿海地区的重要生态屏障，对维护我国东部沿海地区生态安全起到了至关重要的作用。

我国近海与海岸湿地面积为579.59万hm^2，占全国湿地面积5342.06万hm^2的10.85%，其中纳入保护区体系的滨海湿地面积为139.50万hm^2，从鸭绿江口到海南岛共有国际重要湿地18处、湿地自然保护区80多处、国家湿地公园160多处，保护率为24.07%，初步构建了滨海湿地保护体系，为促进沿海地区生态安全奠定了良好基础。

中共十八大以来，党中央把生态文明建设放在突出地位，十八届五中全会报告提出“坚持绿色发展，必须坚持节约资源和保护环境的基本国策”。2017年4月19日，习近平总书记在考察北海金海湾红树林生态保护区时明确指出，“把海洋生物多样性湿地生态区域建设好”，对我国的湿地保护提出了更高的要求。目前，国家林业局正在部署实施全国湿地保护“十三五”规划，要求加强组织领导，落实国务院关于湿地保护工作的部署，多措并举增加湿地面积，实施湿地保护修复工程，维护湿地的多样性和完整性，提升其生态系统服务功能，最终增进人类福祉。

国家林业局湿地保护管理中心与保尔森基金会已于2015年6月在福州成立了“中国沿海湿地保护网络”，作为沿海11个省（自治区、直辖市）湿地保护机构交流与合作的平台。该网络定期召开年会，开展技术培训、经验交流和宣传出版等活动。《中国沿海湿地保护绿皮书

（2017）》是该网络活动的重要组成部分，可为网络成员开展湿地保护与管理提供重要参考。

鉴于此，我代表国家林业局湿地保护管理中心感谢阿拉善 SEE 基金会、红树林基金会、中国科学院地理科学与资源研究所对沿海湿地保护管理的关注与支持。感谢项目组严谨的科学评估和辛苦劳动。我希望，《中国沿海湿地保护绿皮书（2017）》的发布可以进一步提高地方政府和社会公众对沿海湿地保护重要性和迫切性的认识，提升沿海保护部门对各类湿地的保护能力，促进我国湿地保护修复事业更上一层楼！

王志高

国家林业局湿地保护管理中心主任

2017 年 11 月

序　三

阿拉善SEE生态协会成立于2004年，目前已有近700位中国企业家会员加入，旨在搭建中国最有影响力的企业家环保平台，推动中国企业家承担更多的生态责任和社会责任。2008年，阿拉善SEE生态协会发起成立“阿拉善SEE基金会”（注册名：北京市企业家环保基金会），致力于资助和扶持中国民间环保NGO的成长，打造企业家、NGO、政府、科研机构、公众等多方共同参与的社会化保护平台，共同推动生态保护和可持续发展。

“任鸟飞”项目是阿拉善SEE基金会与红树林基金会共同打造的以守护中国濒危水鸟及其栖息地为目标的生态保护项目。该项目将在未来10年间，以亟待保护的100块湿地和24种珍稀濒危水鸟为优先保护对象，通过民间机构发起、企业投入、社会公众参与的“社会化参与”模式开展积极的湿地保护工作。

“任鸟飞”项目优先关注的是保护价值高但保护措施不足的沿海湿地。该项目得到了北京巧女公益基金会的大力资助，也得到了阿拉善SEE华北项目中心、华东项目中心、深港项目中心，腾讯公益慈善基金会，以及社会爱心公众、企业的共同支持。

《中国沿海湿地保护绿皮书（2017）》作为“任鸟飞”项目的主要产出之一，属于评估报告和高级科普读物，而不是纯学术性的专著，主要面向从事湿地保护的政府官员、湿地保护区与国家湿地公园的管理与技术人员、NGO人员、科研工作者及关心湿地与候鸟保护的社会公众，特别是中国沿海湿地保护网络成员单位相关人员。

我们希望将《中国沿海湿地保护绿皮书》打造成为评估沿海湿地保护进展、保护空缺及湿地健康状况的双年度报告。通过《中国沿海湿地保护绿皮书》的编写与发布，分享湿地保护经验与做法，提高公众的保护意识与认知水平，服务于国家与地方政府决策，为推动中国沿海湿地的保护尽一份力。

“中国沿海湿地保护绿皮书（2017）”项目得以顺利开展和发布成果，要感谢阿拉善 SEE 华东项目中心、华北项目中心，红树林基金会的合力资助，感谢积极参与十块最值得关注的沿海湿地推选的 NGO 伙伴和科研院所的学者，感谢中国科学院地理科学与资源研究所的于秀波研究团队。

阿拉善 SEE 基金会执行理事长

2017 年 11 月

序　四

滨海湿地是中国重要的生命支持系统，保护其重要的生态服务功能和健康，事关数亿沿海地区人民的福祉和全球生物多样性的完整性。2014~2015年，中华人民共和国国际湿地公约履约办公室、保尔森基金会、中国科学院地理科学与资源研究所共同开展了“中国滨海湿地保护管理战略研究”项目，确定了180处重点保护区域，包括11处亟待保护的滨海水鸟栖息地。

由阿拉善SEE基金会、红树林基金会（MCF）、中国科学院地理科学与资源研究所共同开展的“中国沿海湿地保护绿皮书（2017）”项目，通过科学的量化评估方式，确定了中国滨海湿地健康指数，促进“中国滨海湿地保护管理战略研究”项目研究成果的落地，使得滨海湿地保护行动更有针对性、系统性和有效性。

红树林基金会自成立以来，始终聚焦滨海湿地，以深圳为原点，致力于以红树林为代表的滨海湿地的保护和公众环境教育。迄今，红树林基金会已组建了一个涵盖保育、教育、科研、国际交流等方面的专业人员团队，在各级政府、专家学者、企业和公益合作伙伴等全社会的支持下，创建了“社会化参与”的自然保育模式。该绿皮书输出的滨海湿地健康指数可以融入滨海湿地的保育和公众教育中，而保育和公众教育的成果也将反映到健康指数的更新中，通过这种良性循环的方式，促进滨海湿地保护和管理的不断发展和精细化。

最后，我要再次祝贺这个项目所获得的成功，感谢所有合作机构和专家为该项目的成功所做出的贡献，红树林基金会将继续与大家携手同行，为滨海湿地保护做出积极的努力。

红树林基金会秘书长

2017 年 11 月

内 容 提 要

我国海岸线长达18 000 km，涉及辽宁、河北、天津、山东、江苏、上海、浙江、福建、广东、广西、海南等11个省（自治区、直辖市）及港澳台地区。我国沿海湿地生物多样性极其丰富，不仅是东亚–澳大利西亚候鸟迁徙路线上数百万水鸟的重要栖息地，还孕育着丰富的渔业资源，红树林和海草床是全球生物多样性的重要组成部分，同时也为我国沿海经济发达地区的可持续发展提供了生态安全屏障。

中共十八大以来，党中央把生态文明建设放在突出地位，湿地保护工作也受到了中央与地方政府的高度重视，实施了《全国湿地保护工程规划（2002—2030）》。2016年，国务院办公厅印发了《湿地保护修复制度方案》，提出了8亿亩[①] 湿地总量管控目标，国家林业局、国家发展和改革委员会等八部委联合印发了《贯彻落实〈湿地保护修复制度方案〉的实施意见》，这是我国湿地保护从“抢救性保护”向“全面保护”的重要转变。

值得重视的是，沿海湿地保护是我国湿地保护的“短板”。根据国家林业局于2014年公布的第二次全国湿地资源调查结果，按照相同的统计口径，天然湿地面积比第一次全国湿地资源调查减少了8.82%，而沿海11个省（自治区、直辖市）的滨海湿地面积减少了21.91%，因此滨海湿地保护更为迫切，任务更为艰巨。

一、主要结论

结论1：滨海湿地保护逐渐得到了从政府到研究机构、NGO社会团体及公众层面的广泛关注和参与，推进了滨海湿地保护进展。

滨海湿地相关研究加深了社会公众对滨海湿地价值和重要性的认知，促进了滨海湿地的保

① 1亩≈666.7m^2

护。近两年，党中央高度重视湿地保护，出台了一系列湿地保护文件，相关省（自治区、直辖市）也高度重视湿地保护，沿海9个省（自治区）颁布了湿地保护管理条例。在滨海湿地保护研究、监测和公众参与方面，国家湿地主管部门、非政府组织、科研院所和社会公众之间的联动和互动发挥着越来越重要的作用。我国滨海湿地保护取得长足进步，NGO与政府部门合作，探索湿地保护的新模式，并成立了"中国沿海湿地保护网络"，有效地推动了我国湿地保护事业的发展。

结论2：滨海湿地依然面临严重的威胁，一些具有重要生态功能和生态价值的湿地并未得到有效保护。

本报告通过社会广泛征集和专家评审确定了最值得关注的十块滨海湿地，涵盖了滩涂、红树林、海草床等重要的湿地类型。然而，这些湿地大部分处于未保护状态。基建占用、房地产开发、人为干扰湿地、外来物种入侵及沿海养殖等严重威胁着这些湿地的健康状况和生物多样性保护。例如，天津、河北沿线及江苏的如东和连云港等区域的围填海，盘锦红海滩旅游，互花米草入侵已经向北扩展到天津、河北等地。随着国家相关政策的实施，在地方政府、研究机构、NGO及当地社区的参与下，未来这些湿地可能存在保护与发展的新契机。

结论3：滨海湿地的健康状况不佳，34%的国家级自然保护区湿地处于亚健康状态，沿海11个省（自治区、直辖市）湿地总体处于亚健康状态。

沿海35个国家级自然保护区湿地健康指数评估得分平均为63.6分，整体达到健康状态；但处于很健康状态的保护区仅有1个（占3%），大部分保护区处于健康（占63%）或亚健康（34%）状态。沿海35个国家级自然保护区的食物供给、生物多样性、生计与经济、水量平衡、防灾减灾、洁净的水等功能得分相对较高，但碳储存、地方感和旅游休闲等功能得分都低于60分，我国沿海湿地的保护状况并不理想，湿地仍在多个方面受到人类活动的威胁。

沿海11个省（自治区、直辖市）湿地健康指数评估得分平均为59.2分，整体处于亚健康状态；其中有7个省（自治区、直辖市）保护区得分为50~60分，处于亚健康状态，占总数的64%；其余4个得分为60~70分，处于健康状态的低值区域。

结论4：我国滨海湿地保护面临经济发展与自然保护的矛盾与冲突，存在着许多深层次的体制、机制与政策等问题，造成许多保护政策难以"落地"。

在过去两年，沿海11个省（自治区、直辖市）存在着"重视经济发展，轻视湿地保护"的倾向。在新增自然保护区方面"裹足不前"，除了少数滨海湿地被列为保护小区外，没有新建省级自然保护区。近几年，在沿海地区建立了许多国家湿地公园和国家海洋公园，如何强化国家湿地公园和国家海洋公园在生物多样性和代表性生态系统保护中的有效性，是林业与海洋部门及沿海地区地方政府迫切需要解决的重要难题。近年来，国家出台了许多加强湿地保护与修复的政策措施，中央政府提出了“8亿亩”湿地红线的总量指标，对于如何保障“8亿亩湿地总量管控目标”的政策“落地”、如何建立湿地保护修复的长效机制，我国仍面临着严峻挑战。

二、主要建议

建议1：分省份和区域进一步落实《湿地保护修复制度方案》，开展体制、机制创新试点，将滨海湿地保护落到实处。

湿地保护是生态文明建设的重要内容，国务院办公厅印发了《湿地保护修复制度方案》，提出了8亿亩湿地总量管控目标。为了实现这个目标，我国提出了建立分级管理体系、实行湿地保护目标责任制、健全湿地用途监管机制、建立退化湿地修复制度、健全湿地监测评价体系等一系列的配套制度措施。进一步细化制定湿地红线的具体原则、实施方案，分省份和区域开展滨海湿地健康状况评估，确定湿地的分布、面积，定量评估湿地的功能，根据湿地的重要性和受威胁因素等综合状况对湿地进行分级保护和管理。在沿海地区选择有代表性、典型性的市（县）和湿地，进行体制与机制创新试点，并将试点的经验和做法向其他地区推广。

建议2：对关注度高的十块滨海湿地尽快采取“抢救性”保护措施。

加强滨海湿地的监测、研究和保护行动迫在眉睫。对关注度高的十块滨海湿地，借助国家开展湿地保护修复工程、退养还滩工程的契机，采取“抢救性”保护措施。以设立自然保护区、保护小区和国家湿地公园的形式将其纳入湿地保护体系。将滨海湿地水鸟、红树林和海草床等重要生物资源列入常规监测，对海草床、珊瑚礁等资源开展本底状况调查。对于辽宁辽河口、广东雷州湾等林业部门与海洋部门共管区域，应合力开展综合保护专项行动。借鉴汉沽滩涂湿地“政府＋民间”模式、深圳福田自然保护区的“政府购买NGO”模式的经验，进一步明确政府、社区、NGO社会团体在湿地保护中的责任权限，探讨湿地保护与生计的协调发展。

建议3：在滨海湿地保护中，地方政府应采取更有力的措施。

沿海11个省（自治区、直辖市）是滨海湿地集中分布区域，同时也是我国经济相对发达的地区，在湿地保护中应赋予地方政府更多的责任。沿海地方政府应提高对滨海湿地保护重要性的认识，处理好滨海湿地保护与社会经济发展的关系。重新评估并暂停实施已批复的滨海湿地围垦和填海工程项目。加大对海草床、珊瑚礁等代表性生态系统的保护力度。亟待在河北、广东和广西等地新建自然保护区、扩大保护区范围或提升保护区保护级别，加强对代表性生态系统的保护力度。

建议4：在滨海湿地保护和恢复中，以适应性管理为框架将监测评估、科学研究及工程措施融为一体，实现基于科学的湿地管理。

自然资源适应性管理是一种行之有效的保护滨海湿地的方法。适应性管理是将决策的执行作为科学的管理实验，以实验结果来检验管理计划中的假设，通过有效的监测评估，将科学研究和管理实践有机地融为一体，不断从管理实践中获得新知，逐步降低管理中的不确定性，进而推动管理政策和实践不断优化。以适应性管理为框架，将滨海湿地基础研究、退化生态系统修复关键技术研发与优化管理示范有机结合，为科学管理湿地提供可靠的技术支撑。

Executive Summary

The coastline in China extends for about 18,000km, covering 11 provinces, autonomous regions, and municipalities in mainland China (i.e., Liaoning, Hebei, Tianjin, Shandong, Jiangsu, Shanghai, Zhejiang, Fujian, Guangdong, Guangxi and Hainan), as well as Hong Kong, Macao and Taiwan. China's coastal wetlands are rich in biodiversity. The coastal areas not only support millions of migratory water birds along East Asian-Australasian Flyway (EAAF) of international importance, but also are home to rich fishery resources, mangroves and seagrass beds. They are known as key parts of global biodiversity, while providing eco-safety barrier for the sustainable development of economically developed coastal regions in China.

Since the 18th CPC National Congress in November 2012, the CPC Central Committee has given strong emphasis on the development of an ecological civilization. In particular, the central and local governments have given top priority to wetland conservation, and the National Wetland Conservation Programme (2002-2030) has been implemented. In 2016, the General Office of the State Council issued *the Program for Wetland Protection and Restoration System*, proposing a target of maintaining overall wetlands area across China to be no less than 800 million mu (53.3 million hectares). After that, eight ministries and commissions under the State Council including the State Forestry Administration (SFA), the National Development and Reform Commission (NDRC) jointly issued *the Opinions on Implementing the Programme for Wetland Protection and Restoration System*, indicating wetland conservation efforts in China have transformed from "rescue-based protection" to "comprehensive conservation".

Nonetheless, it should be noted that coastal wetland conservation has become a "weak point" in China's wetland conservation. According to the results of the Second National Wetland Resources Inventory released by SFA in 2014, between 2004 and 2013, the natural wetland area in China declined by 8.82%, and the area of coastal wetlands in 11 provinces, autonomous regions and municipalities dropped by 21.91%. Given these gaps, we still face a demanding task in protecting coastal wetlands.

Main Findings

Finding 1: Coastal wetland conservation has attracted extensive attention of different stakeholders, ranging from governments, research institutions to NGO, social groups and the general public. These stakeholders are actively involved in coastal wetland conservation, and have promoted the progress of such efforts.

Research on coastal wetland has helped raise public awareness on the value and importance of coastal wetlands, which, in turn, has contributed to the protection of these wetlands. In recent two years, the Chinese government has issued a series of documents on wetland conservation, while the local governments of nine coastal provinces and autonomous regions have also promulgated regulations on wetland protection and management. The interaction and collaboration between/among government agencies, NGO, research institutions, colleges and universities and the general public has playing an increasingly important role in coastal wetland related research, monitoring and public participation. Moreover, remarkable achievements have been made in terms of coastal wetland conservation in China. A new model in which NGO works with government on wetland conservation has been explored. More specifically, China Coastal Wetland Conservation Network, or CWCN, has been established, which has effectively promoted the wetland conservation efforts in the country.

Finding 2: Coastal wetlands still face severe threats, and some wetland areas with key ecological functions and values have not yet been put under effective protection.

Through public input and expert review, China's top ten coastal wetlands in danger were described in the report, covering key wetland types, i.e., mudflat, mangrove and seagrass bed. However, most of these wetlands in danger have not yet been well protected. The health and biodiversity of these wetlands are being seriously threatened by many factors, such as infrastructure occupation, real estate development, human disturbance of wetland, invasive alien species, and coastal aquaculture. Examples of these threats include : sea reclamation along the coastal areas in Tianjin, Hebei and Jiangsu (including Rudong and Lianyungang); tourism in red beach in Panjin, Liaoning; and invasion of *Spartina alterniflora* extending northward to Tianjin and Hebei. However, with the implementation of national wetland related policies, and thanks to the support of local governments, research institutions, NGO and local communities, these wetlands may embrace new opportunities in conservation and development.

Finding 3: Most of the coastal wetlands are in a poor health condition. Among them,34% of national wetland nature reserves are in a sub-healthy status,this is also the case for most of the wetlands in 11 coastal provinces,autonomous regions and municipalities.

As for 35 national wetland nature reserve (NNR) in coastal areas, the average score of their wetland health index (WHI) reached 63.6, indicating that they are generally in a healthy condition. Except one nature reserve which is found to be in very good health (3%), most of these nature reserves are in a healthy (63%) or sub-healthy condition (34%). While the functions of food provisioning, biodiversity, livelihood and economy, water balance, disaster mitigation, and clear water of these NNR had higher scores, the scores of carbon sequestration, sense of place, tourism and recreation were lower than 60. This suggested that the conservation status of coastal wetlands in China is still unsatisfactory, and these wetland areas are facing threats from various human activities.

As for the wetlands in China's 11 coastal provinces' autonomous regions and municipalities, the average score of their WHI was only 59.2, meaning that they are generally in a sub-healthy condition. Among them, the score of WHI for seven provinces, autonomous regions and municipalities (64%) ranged between 50 and 60, showing that they are in a sub-healthy state; while the score of WHI for other four provinces' autonomous regions and municipalities was calculated to be 60-70, a low value zone in a healthy condition.

Finding 4: Coastal wetland conservation efforts in China are confronted with the conflicts between economic development and nature conservation. Many problems in terms of mechanism, system and policy still exist, making many policies related to wetland conservation difficult to be implemented.

Over the last two years, there is a tendency of the 11 coastal provinces, autonomous regions and municipalities that the local governments just "focus on economic development while neglecting wetland conservation". No new nature reserves at provincial level have been established, except a few coastal wetlands which have been designated as small protected sites. In recent years, a large number of national wetland parks and national marine parks have been established in coastal areas. How to enhance the effectiveness of protecting biodiversity and representative ecosystems in these parks has posed a major challenge to forestry and marine authorities, as well as local governments in coastal areas. Furthermore, the central government has issued many policies and measures to strengthen wetland protection and restoration. In particular, the redline of maintaining total wetlands area across China to be no less than 53.3 million hectares was proposed by the central government. We are still facing a serious challenge on how to implement the policy of "maintaining the total wetlands area across the nation to be no less than 53.3 million hectares" , and how to build a long-term mechanism on wetland protection and restoration.

Main Recommendations

Recommendation 1: Further implement the Programme for Wetland Protection and Restoration System in different provinces and regions, and carry out pilot projects on innovative mechanism and system to achieve the objectives in coastal wetland conservation.

Wetland conservation is considered as a key component of promoting ecological progress. In the Programme for Wetland Protection and Restoration System issued by the General Office of the State Council, the target of maintaining the total wetlands area across China to be no less than 53.3 million hectares was proposed. To achieve this objective, we should establish a management system by different levels, implement a target accountability system on wetland conservation, improve the regulatory mechanism on wetland use, create a system to restore degraded wetlands, and establish a sound system on wetland monitoring and assessment, and carry out other supporting systems and measures. Detailed principles and implementation plans on wetland redline should be developed. Morcover, assessment on coastal wetland health needs to be conducted by provinces and regions to determine the distribution and area of wetlands. Wetland functions should be quantitatively evaluated to protect and manage wetlands by different levels depending their importance and threats. In the coastal areas, representative counties, municipalities and wetlands can be selected to conduct pilot projects on innovative mechanisms and systems related to wetland protection and restoration, and disseminate such best practices to other parts of China.

Recommendation 2: Adopt "rescue-based" protection measures for the ten coastal wetlands in danger in China.

It is extremely urgent to enhance monitoring, research and protection efforts of coastal wetlands. As for the ten coastal wetlands in danger, rescue-based protection measures should be adopted by taking advantage of the opportunities of implementing wetland protection and restoration projects, and returning aquaculture farms to mudflats. These wetlands can be incorporated into the wetland protected area system in forms of nature reserve, small protected sites and national wetland park. Key biological resources, such as coastal wetland water birds, mangroves and seagrass beds, should be monitored on a regular basis, and baseline surveys on seagrass beds, coral reefs and other resources should be conducted. As for Liaohe River estuary in Liaoning province and Leizhou Bay in Guangdong province, as well as other coastal areas co-administered by forestry and oceanographic authorities, special actions on comprehensive protection of wetlands should be jointly taken. Such models as "Government + private sector" model in Hangu Wetland in Tianjin municipality, and "Government's purchase of NGO" model in Futian Nature Reserve in Guangdong province, etc. can be leveraged to promote the roles of governments, communities, NGO and social bodies in wetland conservation, and strike a balance between wetland conservation and livelihood development.

Recommendation 3: Local governments should take more effective measures to promote coastal wetland protection.

As the 11 coastal provinces, autonomous regions, and municipalities are the areas where coastal wetlands are concentrated and economically developed areas in China, these local governments are required to assume greater responsibilities in wetland conservation. They should raise their awareness on the importance of protecting coastal wetlands, and maintain a balance between coastal wetland conservation and socio-economic development. Efforts should be made to review and suspend the coastal wetlands reclamation projects that have previously been approved, and to enhance protection of seagrass beds, coral reefs and other representative wetland ecosystems. New wetland nature reserves are urgently needed to be established in Hebei province, Guangdong province and Guangxi Zhuang Autonomous Region, etc. so as to expand the scope of protected areas or upgrade the level of protected areas status, and to enhance protection of representative wetland ecosystems.

Recommendation 4: Adaptive management framework should be used to integrate coastal wetland monitoring, assessment, research and engineering measures to achieve science-based wetland management in coastal wetland protection and restoration.

Adaptive management of natural resources has proved to be an effective means for coastal wetland conservation. Adaptive management is a tool that uses the execution of decision as experiments of science-based management, and validates the hypothesis of management plan with experimental results. Effective monitoring and assessment will be leveraged to integrate scientific research and management practice, constantly acquire new knowledge in management practice, gradually reduce uncertainty in management and promote the ongoing optimization of management policies and practices. Therefore, adaptive management framework should be employed to combine basic research on coastal wetlands,R & D on key technologies related to the restoration of degraded ecosystems, and demonstration of best practices, so as to provide reliable technical support for science-based management of coastal wetlands.

常用术语

湿地：根据《湿地公约》的定义，湿地是指天然或人工、永久或暂时的死水或流水、淡水、微咸或咸水沼泽地、泥炭地或水域，包括低潮时水深不超过 6m 的海水区。

滨海湿地：《湿地公约》定义滨海湿地包括以下 12 类。

（1）浅海水域：低潮时水深不超过 6m 的永久水域，植被盖度< 30%，包括海湾、海峡。

（2）潮下水生层：海洋低潮线以下，植被盖度≥ 30%，包括海草层、海洋草地。

（3）珊瑚礁：由珊瑚聚集生长而成的湿地，包括珊瑚岛及有珊瑚生长的海域。

（4）岩石性海岸：底部基质 75% 以上是岩石，植被盖度< 30% 的硬质海岸，包括岩石性沿海岛屿、海岩峭壁。本次调查指低潮水线至高潮浪花所及地带。

（5）潮间沙石海滩：潮间植被盖度< 30%，底质以砂、砾石为主。

（6）潮间淤泥海滩：植被盖度< 30%，底质以淤泥为主。

（7）潮间盐水沼泽：植被盖度≥ 30% 的盐沼。

（8）红树林沼泽：以红树植物群落为主的潮间沼泽。

（9）海岸性咸水湖：海岸带范围内的咸水湖泊。

（10）海岸性淡水湖：海岸带范围内的淡水湖泊。

（11）河口水域：从近口段的潮区界（潮差为零）至口外海滨段的淡水舌锋缘之间的永久性水域。

（12）三角洲湿地：河口区由沙岛、沙洲、沙嘴等发育而成的低冲积平原。

东亚 – 澳大利西亚候鸟迁徙路线：指自北极圈向南延伸，通过东亚和东南亚到达澳大利亚和新西兰的鸟类迁飞区，涵盖了 22 个国家，我国沿海 11 个省（自治区、直辖市）湿地是该迁徙路线中的重要栖息地，特别是黄渤海滩涂湿地被称为该迁徙路线上的候鸟“加油站”。

湿地健康指数：是评估湿地生态系统为人类提供生态系统服务的能力及其可持续性的综合指标，可揭示湿地健康的变化及趋势，并从不同的时间和空间尺度对湿地生态系统健康进行评价和比较，从而促使政府、企业、公众等共同保护湿地。

致　谢

首先要感谢阿拉善 SEE 基金会、红树林基金会为本项目提供的资助。感谢项目组的中外方专家对项目的支持，专家们积极参与讨论、交流和调研活动，为本研究项目的顺利开展提供了科学指导。

感谢本次项目协调与管理人员对确保项目的顺利实施所付出的辛苦，其中包括：阿拉善 SEE 基金会张立秘书长、阿拉善 SEE 华东项目中心主席刘雷先生、红树林基金会闫保华副秘书长，以及阿拉善 SEE 基金会张博文、柏樱岚，阿拉善 SEE 华东项目中心孔璨，红树林基金会雷兵，世界自然基金会张翼飞。

感谢国家林业局湿地保护管理中心鲍达明总工程师，中国湿地保护协会副会长、常务副秘书长刘亚文先生，北京林业大学自然保护区学院雷光春教授，北京师范大学生命科学学院张正旺教授，北京师范大学环境学院崔保山教授为项目提供的学术指导。

项目研究组得到了中国科学院及相关大学等国内外研究机构与专家的支持，他们参与了项目组的学术会议与讨论，并参与撰写了部分文稿。各章作者包括（按照姓氏笔画排序）：于秀波、王玉玉、孔璨、卢刚、刘宇、李贺、李晓炜、李梓榕、李燊、张立、张全军、张明、张琼、张博文、林广旋、周延、周杨明、柏樱岚、段后浪、侯西勇、姜鲁光、莫训强、贾亦飞、夏少霞、钱法文、黄翀、章麟、韩永祥、摆万奇、雷维蟠、阙品甲、窦月含。全书由于秀波、周杨明、夏少霞统稿，由夏少霞、刘宇、李贺、段后浪、莫训强等制图，由张琼和李莉负责项目的沟通与协调。

感谢相关科研机构及大学的专家对本次项目研究组撰写的文稿进行书面评审，确保文稿在质量上得以提升。这些专家包括：鲍达明、刘亚文、王隆富、王福田、崔保山、马克明、李国胜、张明祥、洪剑明、刘长安、文贤继、石建斌、刘月良、李玉祥、袁军、朱书玉等。感谢鲍达明、刘亚文、陶思明、周宏春、范志勇、刘长安、白军红和闻丞在书稿评审会上提出的指导意见。王建民、白清泉、李静、李晋及众多合作伙伴为项目实施提供了数据与照片等帮助，一并感谢！

特别感谢国家自然科学基金委员会原主任陈宜瑜院士、国家林业局湿地保护管理中心王志高主任、阿拉善 SEE 基金会钱晓华执行理事长和红树林基金会孙莉莉秘书长在百忙之中为本书作序。

目　录

第一章　引言 …… 1

第二章　中国沿海湿地保护十大进展 …… 5

一、近两年来中国沿海湿地保护进展概述 …… 6

二、中国沿海湿地保护十大进展介绍 …… 8

（一）中央全面深化改革领导小组审议通过了《湿地保护修复制度方案》…… 9

（二）国家林业局编制《全国湿地保护“十三五”实施规划》…… 10

（三）国家海洋局颁布海岸线与滨海湿地保护的政策 …… 15

（四）深圳湾“政府+专业机构+社会公众”的社会化参与自然保育模式 …… 21

（五）“中国沿海湿地保护网络”在福州成立 …… 28

（六）“中国滨海湿地保护管理战略研究”项目成果发布 …… 30

（七）崇明东滩治理互花米草入侵取得明显成效 …… 32

（八）七部门联合开展打击野生动物的违法犯罪“清网行动” …… 35

（九）2016年黄渤海水鸟同步调查成功举行 …… 37

（十）“任鸟飞”项目推动民间湿地保护 …… 39

第三章　最值得关注的十块滨海湿地 …… 43

一、最值得关注的十块滨海湿地评选 …… 44

二、最值得关注的十块滨海湿地介绍 …… 47

（一）辽宁盘锦辽河口湿地 …… 47

（二）河北滦南南堡湿地 …… 50

（三）河北唐山菩提岛湿地 …… 54
（四）天津汉沽滩涂湿地 …… 57
（五）天津北大港湿地 …… 61
（六）河北沧州滩涂湿地 …… 64
（七）江苏连云港临洪口-青口河口湿地 …… 67
（八）江苏东台-如东湿地 …… 70
（九）广东湛江雷州湾湿地 …… 75
（十）海南文昌会文湿地 …… 79
第四章　沿海湿地健康指数 …… 85
一、湿地健康指数的构建 …… 86
二、国家级自然保护区湿地健康评估 …… 92
三、沿海11个省（自治区、直辖市）湿地健康评估结果 …… 100
四、小结与讨论 …… 104
第五章　沿海湿地保护典型区域 …… 107
一、黄河三角洲湿地生态系统健康评估 …… 108
二、辽河口湿地保护与恢复 …… 116
第六章　结论与建议 …… 125
一、主要结论 …… 126
二、主要建议 …… 129
附录 …… 133
附录1　35个国家级自然保护区一览表 …… 134
附录2　35个国家级自然保护区湿地健康指数评估结果 …… 136
附录3　沿海11个省（自治区、直辖市）湿地健康指数评估结果 …… 138
附录4　黄河三角洲自然保护区WHI评估衡量指标及其数据来源 …… 139
附录5　辽河口湿地WHI评估衡量指标及数据来源 …… 140
附录6　湿地健康指数单项指标的量化方法 …… 142
参考文献 …… 158

第一章 引　言

本章主笔作者：于秀波；共同作者：贾亦飞、张琼我国海岸线长达 18 000km，涉及辽宁、河北、天津、山东、江苏、上海、浙江、福建、广东、广西、海南 11 个省（自治区、直辖市）及港澳台地区。沿海这 11 个省（自治区、直辖市）居住着全国 40% 的人口，是我国经济总量最大的区域，占全国国内生产总值（GDP）的 58.6%。我国沿海湿地是重要的生命支持系统，有河口、三角洲、滩涂、红树林、珊瑚礁等多种典型类型，沿海湿地面积为 579.59 万 hm^2，占全国湿地总面积的 10.85%。

我国沿海湿地生物多样性极其丰富，沿海地区各类湿地不仅是东亚 – 澳大利西亚候鸟迁徙路线上数百万水鸟的重要栖息地，还孕育着丰富的渔业资源；红树林和海草床是全球生物多样性的重要组成部分，同时也为我国沿海经济发达地区提供了天然的生态安全屏障。

中共十八大以来，党中央把生态文明建设放在突出地位，十八届五中全会报告指出“坚持绿色发展，必须坚持节约资源和保护环境的基本国策，坚持可持续发展，坚定走生产发展、生活富裕、生态良好的文明发展道路，加快建设资源节约型、环境友好型社会，形成人与自然和谐发展现代化建设新格局，推进美丽中国建设，为全球生态安全作出新贡献”。还提出“筑牢生态安全屏障，坚持保护优先、自然恢复为主，实施山水林田湖生态保护和修复工程，开展大规模国土绿化行动，完善天然林保护制度，开展蓝色海湾整治行动”。

我国政府高度重视湿地保护工作，实施了《全国湿地保护工程规划（2002—2030）》及全国湿地保护“十一五”“十二五”规划。截至目前，沿海省份共有国际重要湿地 18 处、湿地自然保护区 80 多处、国家湿地公园 160 多处，纳入保护区体系的沿海湿地面积为 139.50 万 hm^2，保护率为 24.07%，初步构建了沿海湿地保护管理体系，为促进沿海地区生态安全奠定了良好基础。

2016 年 11 月 1 日，在中央全面深化改革领导小组第二十九次会议上审议通过了《湿地保护修复制度方案》。随后，国务院办公厅印发了《湿地保护修复制度方案》，通过实行湿地面积总量管控，落实地方各级政府湿地保护的主体责任，推进实现到 2020 年湿地面积不低于 8 亿亩的生态文明建设目标。2017 年 5 月，国家林业局、国家发展和改革委员会等八部委联合印发了《贯彻落实〈湿地保护修复制度方案〉的实施意见》，要求各地于 2017 年底前出台工作方案。

近几年，随着我国政府对湿地保护重视程度的提高，我国湿地保护取得了比较突出的成绩。截至 2017 年 6 月，我国沿海地区共有 18 处国际重要湿地，建立了 80 多处湿地自然保护区、160 多处国家湿地公园，初步形成了以自然保护区为主体、湿地公园和保护小区并存、其他保护形式互补的湿地保护体系。但我国沿海湿地保护还面临严峻的挑战，如围填海、湿地环境污染和外来物种入侵等情况仍然比较严重。

我国湿地保护缺乏科学的、综合性的国家级战略规划与政策，湿地管理存在管理机构能力不足，体制与机制不顺，相关法律、法规体系不完善，政策上相互冲突，管理职能上重叠、交叉和缺位等问题，公众对湿地的保护意识也有待提升。

国家林业局、中国科学院等部门和机构的监测显示，在过去的半个世纪里，我国已经损失了 53% 的温带沿海湿地、73% 的红树林和 80% 的珊瑚礁。第二次全国湿地资源调查结果显示，沿海湿地生态状况处于“中”和“差”两个等级，没有“好”等级。全国近岸海域赤潮频发，危害不断加剧。

目前，我国沿海湿地主要受到污染、过度捕捞和采集、围垦、外来物种入侵、基建占用五大威胁因子的影响。

围垦和基建占用是导致我国沿海湿地面积减少的两个主要因素。两次全国湿地资源调查结果显示，近 10 年来受基建占用威胁的湿地面积由 127 600hm^2 增加到 1 292 800hm^2，增长了近 10 倍。据统计，与 20 世纪 50 年代相比，海草床绝大部分消失，2/3 以上海岸遭受侵蚀，沙质海岸侵蚀岸线已逾 2500km。

外来物种入侵是我国沿海湿地保护所面临的巨大威胁。为了保滩护岸、改良土壤、绿化海滩和改善海滩生态环境，原产于北美洲大西洋海岸的互花米草（*Spartina alterniflora*）在 1979 年引入我国。由于互花米草具有耐盐、耐淹、抗逆性强、繁殖力强的特点，自然扩散速度极快，侵占了水鸟的适宜栖息地，已在不少海域泛滥成灾，我国在 2003 年把互花米草列入首批外来入侵物种名单。

过度捕捞和采集使我国的近海渔业资源严重衰退。据联合国粮食及农业组织的统计，我国是世界捕鱼第一大国，且已经连续 17 年捕捞量居世界第一。在 20 世纪末的近 20 年时间里，我国近海捕捞量持续大幅增长，各大渔场传统渔业种类消失、优质鱼类渔获量减少、经济种群低龄化和小型化趋势明显。

随着我国经济的快速发展，工业废水、生活污水和养殖污水的随意排放，沿海湿地污染加剧，水体富营养化严重，近岸海域赤潮频发，严重影响了湿地的功能。沿海湿地动植物的生存环境受到严重威胁，动植物的种类和数量持续减少，严重影响到沿海湿地生物多样性。

《中国沿海湿地保护绿皮书》（以下简称《绿皮书》）是介绍中国沿海湿地健康状况、保护进展与热点问题的双年度评估报告，在中国沿海湿地保护网络年会上发布。其编写与发布的目的是发展公众参与机制，推动民间保护力量的成长，影响滨海湿地管理部门的决策，推动湿地法律、法规的制定和管理。本报告所涉及的空间范围为中国沿海 11 个省（自治区、直辖市），包括辽宁、河北、天津、山东、江苏、上海、浙江、福建、广东、广西、海南。

《绿皮书》属于评估报告和高级科普读物，面向的读者主要是从事湿地保护与管理的政府官员、湿地类型保护区与国家湿地公园的管理和技术人员、NGO 人员、研究人员，以及关心湿地与候鸟保护的公众，特别是中国沿海湿地保护网络成员单位相关人员。

本报告由国家林业局湿地保护管理中心指导，由阿拉善 SEE 基金会、红树林基金会资助，由中国科学院地理科学与资源研究所组织编写。希望通过“中国湿地保护绿皮书（2017）”项目推动公众对沿海湿地保护的关注；希望在政府的主导下、在科学的基础上发挥民间组织的力量，推动我国湿地保护行动。《绿皮书》的发布对沿海湿地保护将会起到很大的推动作用。

《绿皮书》包括中国沿海湿地保护十大进展、最值得关注的十块滨海湿地、沿海湿地健康指数、沿海湿地保护典型区域等内容。希望通过每两年发布一次报告，反映我国沿海湿地保护的发展趋势，提高公众参与度，借助政府与民间 NGO 的力量，推动我国沿海湿地保护。

由于水平所限，《绿皮书》中的不足之处在所难免，请读者不吝指正，以便进一步修改完善。

第二章 中国沿海湿地保护十大进展

本章主笔作者：姜鲁光、摆万奇、夏少霞

一、近两年来中国沿海湿地保护进展概述

党的十八大以来，党中央将加强湿地保护提到了前所未有的高度。在《中共中央　国务院关于加快推进生态文明建设的意见》中明确指出“到 2020 年，湿地面积不低于 8 亿亩，自然岸线保有率不低于 35%”。国家林业局、国家海洋局、环境保护部等湿地相关管理部门出台一系列法规、政策和制度，将湿地保护法律化、规范化、科学化、系统化，对新形势下湿地保护和修复做出了明确的部署及安排。

“中国滨海湿地保护管理战略研究”项目（2014~2015 年）根据滨海湿地面临的问题与威胁、现有保护体系面临的限制因子，确定了 2020 年前应重点关注的 7 个领域 22 项优先行动（雷光春等，2017）。

本报告开展了滨海湿地保护进展跟踪评估，梳理了两年来（2015 年 6 月至 2017 年 6 月）优先行动在湿地保护法制建设、湿地保护修复政策、滨海湿地保护体系、滨海湿地保护修复工程、滨海湿地保护科技支撑体系、公众参与机制及国际合作与交流等方面的进展。经专家组多次研讨，确定了滨海湿地保护十大进展。

评估发现，过去两年来，我国在湿地保护法制建设层面取得了长足进步，中央全面深化改革领导小组审查通过了多项涉及滨海湿地保护的政策文件，国家林业局、国家海洋局和环保部等也先后出台了多项部门规章，形成了良好的滨海湿地保护的政策氛围。国家林业局、国家海洋局等部门开展了多项湿地保护与恢复工程，取得了良好的示范效果。另外，在湿地监测、公众参与方面也取得了可喜进展，然而，在落实湿地保护政策、新增滨海湿地保护区、提高滨海湿地的科研支撑能力、加强国际合作方面仍存在明显的差距（表 2.1）。

表2.1　滨海湿地进展跟踪评估卡

滨海湿地保护优先行动*	进展评价				典型案例
	优	良	中	差	
1. 建立湿地保护法制体系					
1.1　颁布国家湿地保护法			√		（1）沿海 11 个省（自治区、直辖市）颁布了湿地保护管理条例 （2）《中华人民共和国野生动物保护法》（2016）修订
1.2　建立湿地综合执法制度	√				（3）国家林业局等七部门联合开展“清网行动”，打击捕杀候鸟等非法行为** （4）山东长岛国家级自然保护区核心区风力发电机全部拆除

续表

滨海湿地保护优先行动*	进展评价				典型案例
	优	良	中	差	
2. 优化湿地保护修复政策					（1）中央全面深化改革领导小组审议通过了《湿地保护修复制度方案》** （2）中央全面深化改革领导小组审议通过了《海岸线保护与利用管理办法》《围填海管控办法》 （3）中共中央办公厅　国务院办公厅印发了《关于划定并严守生态保护红线的若干意见》 （4）国家海洋局印发了《关于全面建立实施海洋生态红线制度的意见》，并配套印发了《海洋生态红线划定技术指南》
2.1　全面落实零损失的生态红线政策	√				
2.2　全面推进生态补偿政策			√		
2.3　创新湿地保护与恢复的市场机制		√			
3. 完善滨海湿地保护体系					（1）广东南澎列岛国家级自然保护区被列入国际重要湿地名录 （2）黄渤海湿地被纳入联合国教育、科学及文化组织的世界自然遗产预备清单
3.1　增加沿海湿地保护面积				√	
3.2　提升沿海湿地保护地的保护能力与有效性		√			
3.3　组织申报国际重要湿地和世界自然遗产，开展湿地类型的国家公园试点		√			
4. 实施滨海湿地保护修复工程					（1）国家林业局编制《全国湿地保护“十三五”实施规划》** （2）国家海洋局实施蓝色海湾工程项目 （3）崇明东滩治理互花米草入侵取得明显成效**
4.1　滨海湿地保护基础设施建设工程			√		
4.2　滨海湿地保护能力建设工程		√			
4.3　滨海湿地恢复工程		√			
4.4　滨海湿地可持续利用示范工程			√		
5. 建立滨海湿地保护的科技支撑体系					（1）科技部实施脆弱生态区恢复专项计划，将滨海湿地纳入资助范围 （2）2016年与2017年黄渤海水鸟同步调查成功举行** （3）建立了中国湿地健康指数
5.1　制定滨海湿地监测指标体系与技术规范			√		
5.2　建立和完善滨海湿地生态监测网络			√		
5.3　长期坚持沿海水鸟同步调查		√			
5.4　开展滨海湿地生态系统健康评估	√				
6. 建立滨海湿地保护的公众参与机制					（1）“中国沿海湿地保护网络”在福州成立** （2）阿拉善SEE基金会“任鸟飞”项目推动民间湿地保护** （3）深圳市探索政府购买NGO服务的途径保护滨海湿地** （4）“最值得关注的十块滨海湿地”评选
6.1　建立中国沿海湿地保护网络，构建公众参与平台	√				
6.2　促进国内基金会与民间环保组织参与滨海湿地保护	√				
6.3　深化与国际组织在中国湿地保护方面的交流及合作			√		

续表

滨海湿地保护优先行动*	进展评价				典型案例
	优	良	中	差	
7. 积极参与国际合作与交流					
7.1 认真履行湿地保护相关的国际公约		√			
7.2 完善东亚－澳大利西亚候鸟迁徙路线伙伴实施机制				√	“中国滨海湿地保护管理战略研究”项目成果发布**
7.3 加强在湿地科学研究和保护管理方面的国际合作			√		

* 表示本表中的优先行动为《中国滨海湿地保护管理战略研究》报告所列的优先行动；** 表示为本报告所重点介绍的十大进展

二、中国沿海湿地保护十大进展介绍

此次中国沿海湿地保护十大进展评选的时间为 2015 年 6 月至 2017 年 6 月。针对两年来沿海湿地保护的法规与政策进展、体制与机制创新、保护探索实践、公众关注热点问题，经专家组多次研讨，确定了“沿海湿地保护十大进展”遴选标准（专栏 2.1），对沿海湿地保护工作的相关进展进行了系统梳理。

专栏 2.1 “沿海湿地保护十大进展”遴选标准

（1）关注层级高：沿海湿地保护得到中央和地方决策层的重视，并通过立法、政策、规划、项目等形式贯彻落实。

（2）保护投入大：在沿海湿地保护事业中，投入了较多的人力、物力或财力，并收到显著效果。

（3）公众参与广：与沿海湿地保护的相关活动得到公众认可，并使公众在相关活动中有较多的参与机会。

（4）管理创新强：在沿海湿地保护与管理工作中，形成了具有示范意义的创新理念、组织形式、科技成果或管理方法。

（5）社会影响深：沿海湿地保护与管理中的某些实践或事件，对提高社会公众对沿海湿地保护的认识发挥着长远而重要的作用。

（一）中央全面深化改革领导小组审议通过了《湿地保护修复制度方案》[①]

2016 年 11 月 1 日，中央全面深化改革领导小组审议通过了《湿地保护修复制度方案》《海岸线保护与利用管理办法》等相关文件。国务院于 2016 年 11 月 30 日印发了《湿地保护修复制度方案》，未来湿地保护与管理将以控制湿地面积总量、提升湿地功能为目标，围绕明确分类分级管理湿地，完善湿地用途监管、修复和监测等制度，创建多部门协调的工作机制等方面展开。这标志着我国湿地保护从“抢救性保护”到“全面保护”的重要转变。

湿地资源是人类生存不可替代的物质基础和环境资源。我国湿地类型多、分布广、生物多样性丰富，目前湿地总面积为 5360.26 万 hm^2（8.04 亿亩），占国土总面积的 5.58%，其中自然湿地面积为 4667.47 万 hm^2（约 7 亿亩）。自 2003 年，国务院批准《全国湿地保护工程规划（2002—2030 年）》以来，2005 年和 2011 年又相继颁布了《全国湿地保护工程实施规划（2005—2010 年）》和《全国湿地保护工程实施规划（2011—2015 年）》。

规划实施以来，在全国范围内陆续实施了大批湿地保护修复工程，湿地保护和退化湿地恢复的面积不断扩大。截至 2015 年底，我国有国际重要湿地 49 处，不同级别的湿地自然保护区 600 多个，湿地公园 1000 多个，湿地保护率达 44.6%，初步形成了以湿地自然保护区为主体的湿地保护体系。

然而，由于多种原因，湿地保护问题仍十分突出。第一次（1995~2003 年）至第二次（2009~2013 年）全国湿地资源调查的 10 年间，面积在 100hm^2 以上的湿地，总面积减少了 339.63 万 hm^2，减少率为 8.82%，其中自然湿地面积减少了 337.62 万 hm^2。大规模的无序开发建设使许多湿地成为生态“孤岛”。部分流域劣Ⅴ类水质断面比例较高，污染导致湿地生态功能退化。部分湿地物种种群数量明显减少，有的湿地物种甚至濒临灭绝（国家林业局，2015）。13.9% 的湿地物种处于灭绝或濒临灭绝状态（Acreman et al.，2007）。

中国湿地保护与管理的总体目标：“对湿地实行湿地面积总量管控，到 2020 年，全国湿地面积不低于 8 亿亩，其中，自然湿地面积不低于 7 亿亩，新增湿地面积 300 万亩，湿地保护率提高到 50% 以上。严格湿地用途监管，确保湿地面积不减少，增强湿地生态功能，维护湿地生物多样性，全面提升湿地保护与修复水平”。为实现这一目标，将逐步从落实完善湿地分类分级管理体系、实行湿地保护目标责任制、健全湿地用途监管机制、建立退化湿地修复制度、健全湿地监测评价体系和完善湿地保护修复保障机制等 6 个方面逐一落实。其中，参考美国

① 共同作者：张琼

“零净损失”政策提出的“先补后占、占补平衡”及“要求恢复或重建的湿地与被占用的湿地面积和质量相当”原则，有望将“湿地生态保护红线”范围落到实处，同时体现了国家对湿地质量及湿地生态功能的重视。2017年4月，习近平总书记考察北海金海湾红树林生态保护区（专栏2.2），体现了中央政府对湿地保护的重视程度。

专栏2.2　习近平总书记考察北海金海湾红树林生态保护区

2017年4月19~21日，中共中央总书记、国家主席、中央军委主席习近平深入广西壮族自治区考察调研。习近平总书记此次考察，十分关心生态文明建设情况。

习近平总书记在考察北海金海湾红树林生态保护区、南宁市那考河生态综合整治项目时强调，生态文明建设是党的十八大明确提出的“五位一体”建设的重要一项，不仅秉承了天人合一、顺应自然的中华优秀传统文化理念，也是国家现代化建设的需要。付出生态代价的发展没有意义。保护生态，和谐发展，是现在我们建设方方面面都要体现的理念。广西生态优势金不换，要坚持把节约优先、保护优先、自然恢复作为基本方针，把人与自然和谐相处作为基本目标，使八桂大地青山常在、清水长流、空气常新，让良好生态环境成为人民生活质量的增长点、成为展现美丽形象的发力点。

（二）国家林业局编制《全国湿地保护“十三五”实施规划》[①]

2017年3月28日，国家林业局、国家发展和改革委员会、财政部共同印发了《全国湿地保护“十三五”实施规划》（林函规字〔2017〕40号）。要求加强组织领导，落实国务院关于湿地保护工作的部署，要求各级各部门多措并举增加湿地面积，实施湿地保护修复工程。

“十二五”期间，湿地保护工程项目总投入为67.02亿元，其中中央投入53.5亿元，地方投入13.52亿元。通过实施规划，全国恢复退化湿地16万hm^2，退耕还湿1.77万hm^2，已经完成或在建湿地自然保护区管理局82处，保护管理站点444处，湿地监测站点445处，野生动物救护站点88处，科普宣教中心137处，修建围栏2353km，巡护道路2681km。我国湿地保护取得了较大成效（专栏2.3）。

① 共同作者：张全军

专栏 2.3 "十二五"期间湿地保护工程主要成效

1）进一步扩大了重要湿地保护与恢复成效

将原有的湿地保护补助政策扩大为湿地补贴，新增了生态效益补偿试点、退耕还湿试点和湿地保护奖励试点等 3 个支持方向，为湿地保护建立了长效扶持机制。"十二五"期间，共实施了 1100 多项湿地保护工程，涉及湿地面积 1600 多万公顷。

2）促进了湿地保护与恢复的制度及法规建设

2013 年 5 月，国家林业局颁布了第一部国家层面的湿地保护部门规章《湿地保护管理规定》，并起草完成了湿地保护条例，已上报国务院。23 个省份先后颁布了省级湿地保护条例或管理办法。

3）进一步完善了湿地保护体系建设

目前，我国已建各级湿地自然保护区 600 多个，国家湿地公园 836 处，地方湿地公园 400 多个，指定国际重要湿地 49 处，其中，沿海地区共 18 处。

4）有效增强了湿地保护管理能力

目前已有 20 个省份建立了湿地保护管理专门机构，部分省份同时建立了市（县）级湿地管理部门。

5）进一步强化了湿地的调查监测

2014 年 1 月 13 日，第二次全国湿地资源调查成果对外发布。2014 年启动了全国重点省份泥炭沼泽碳库专项调查。

"十三五"规划目标：对湿地实施全面保护，科学修复退化湿地，扩大湿地面积，增强湿地生态功能，保护湿地生物多样性，加强湿地保护管理能力建设，积极推进湿地可持续利用，不断满足新时期建设生态文明和美丽中国对湿地生态资源的多样化需求，为实施国家三大战略提供生态保障。

到 2020 年，全国湿地面积不低于 8 亿亩，湿地保护率达 50% 以上，恢复退化湿地 14 万 hm^2，新增湿地面积 20 万 hm^2（含退耕还湿）；建立比较完善的湿地保护体系、科普宣教体系和监测评估体系，明显提高湿地保护管理能力，增强湿地生态系统的自然性、完整性和稳定性。

"十三五"规划主要任务：根据全面保护湿地的要求，划定并严守湿地生态保护红线，对湿地实行分级管理，实现湿地面积总量控制，各省（自治区、直辖市）湿地面积总量控制指标见表 2.2。根据湿地重要程度，对国际重要湿地、国家重要湿地、国家级湿地自然保护区和国家湿地公园等重要湿地实施严格保护，禁止擅自占用。同时，根据湿地面临的威胁和问题，突出重点并分类实施。对江河源头和上游的湿地，要以封禁等保护为主，重点加强对水资源和野生动植物的保护。对于大江大河中下游和沿海地区等湿地，要在严格控制开发利用和围垦强度的基础上，积极开展退化湿地恢复和修复，扩大湿地面积，引导湿地可持续利用。对西北干旱半干旱地区的湿地，重点加强水资源调配与管理，合理确定生活、生产和生态用水，确保湿地生态用水需求。

表 2.2 “十三五”期间湿地保有量任务表

（单位：万 hm^2）

省（自治区、直辖市）	湿地保有面积	省（自治区、直辖市）	湿地保有面积
北京	4.81	湖北	144.50
天津	29.56	湖南	101.97
河北	94.19	广东	175.34
山西	15.19	广西	75.43
内蒙古	601.06	海南	32.00
辽宁	139.48	重庆	20.72
吉林	99.76	四川	174.78
黑龙江	514.33	贵州	20.97
上海	46.46	云南	56.35
江苏	282.28	西藏	652.90
浙江	111.01	陕西	30.85
安徽	104.18	甘肃	169.39
福建	87.1	青海	814.36
江西	91.01	宁夏	20.72
山东	173.75	新疆	394.82
河南	62.79	合计	5342.06

“十三五”规划内容：包括全面保护与恢复湿地、加快实施重大工程、可持续利用示范和能力建设四方面建设内容。

1）全面保护与恢复湿地

将所有湿地纳入保护范围，并进行系统修复。其中拟实施湿地保护与恢复的湿地面积预计为 2391 万 hm^2，占全国湿地总面积的 44.75%，拟开展退耕还湿工程面积为 15.68 万 hm^2。同时继续开展湿地生态效益补偿。

2）加快实施重大工程

重大工程建设是在全面保护湿地的要求下，对我国湿地生态区位重要、集中连片和迫切需要重点保护的湿地开展湿地保护与修复的工程建设。根据“十三五”期间国家财力和投资资金使用方向，初步确定在 168 个湿地范围内开展湿地保护与恢复重大工程项目（专栏 2.4）。其中，包括 30 个国际重要湿地、51 个国家级湿地自然保护区、国家重要湿地中的省级自然保护区 22 个和国家湿地公园 65 个，工程建设将修复湿地 14 万 hm^2，新增湿地面积 4.32 万 hm^2，提升我国湿地保护管理能力，增加湿地生态产品供给能力，增强湿地生态服务功能。

专栏 2.4 《全国湿地保护“十三五”实施规划》关于滨海湿地的重大工程项目与示范项目

1）天津北大港滨海湿地保护与恢复工程

北大港湿地生物多样性丰富、生态系统完整，是东亚－澳大利西亚候鸟迁徙路线的重要驿站。当前滨海湿地生态系统自然恢复能力较差，通过有计划地开展湿地保护与恢复工程，实施野生动物保护与救助，加强基础设施和教育设施建设，全面推进数字信息化管理，能有效解决水位下降、外来物种入侵、湿地面积缩减等问题。

2）福建漳江口红树林国际重要湿地保护与恢复工程

福建漳江口由于互花米草生长速度快、根系发达且深、密度大等，严重挤占红树林生长空间；无瓣海桑属漂流扩散入侵，且生长速度快、繁殖能力强，对本地种产生严重威胁；由于长期淤积，红树林外围滩涂河床不断升高，导致底栖动物的品种和数量不断减少，水产种质资源品种数量也不断减少，水鸟的栖息、觅食环境不断退化，在一定程度上影响到漳江口生态安全。工程通过实施互花米草治理、无瓣海桑互花米草治理、红树林造林恢复、水鸟栖息地恢复改善、水产种质资源繁殖恢复等措施，可提升滨海湿地生态功能，维护湿地生态系统健康。

3）辽宁退还湿地可持续利用示范项目

辽宁盘锦是我国面积最大的芦苇滨海湿地，具有调蓄洪水、净化水质、调节气候、防止海盐入侵陆地等多种功能，并且生物资源极为丰富，是丹顶鹤、黑嘴鸥等珍稀水禽繁殖地。随着工农业的发展，辽河三角洲自然生态环境受到严重威胁，湿地保护与资源利用矛盾比较突出。项目将建设大于 100hm^2 的示范基地，开展退耕还湿示范基地，为滨海湿地的综合利用提供借鉴。

4）山东退还湿地可持续利用示范项目

项目通过构建保护区环境与生物多样性预警平台，建立生物多样性保护与区域经济协调发展新模式，建立标准化、数字信息化的大天鹅自然保护区示范基地，使保护区域生态系统、物种和遗传多样性得到有效保护，可维护海岸生物多样性，提高近岸海域湿地生态系统服务功能，初步建成以保持完整的滨海湿地生态系统为特色，以保护大天鹅等珍稀鸟类种群为主题，以湿地生态系统、珍稀濒危种群、野生动植物种资源为主的生物多样性保护体系。

3）可持续利用示范

可持续利用示范工程建设是为了更好地促进湿地保护管理，选取具典型性和代表性的不同形式的湿地资源合理利用成功模式开展示范工程项目建设。在全国范围内，建立 2 个红树林生态利用示范区、5 个生态养殖示范基地；开展退还湿地可持续利用项目 20 个，总面积为 6.77 万 hm^2；开展 31 个湿地文化遗产保护的传承利用和传承示范项目；新建和续建 39 个野生稻等野生湿地植物保护小区；开展 31 个高效立体农业生态综合利用示范区项目，涉及面积 15.50 万 hm^2。

4）能力建设

能力建设是在加大湿地资源调查监测、科技支撑、科普宣教等建设的基础上，建立健全我国湿地资源调查监测体系、科普宣教体系和教育培训体系等管理信息系统。动员全社会力量参与湿地保护，近年来，中央电视台新闻频道每年都会关注候鸟迁徙并作特别报道（专栏 2.5）。

专栏 2.5　中央电视台新闻频道节目推出特别报道《候鸟迁徙》

2016 年 11 月 1 日，中央电视台新闻频道节目推出特别报道《候鸟迁徙》，生动展现了候鸟迁飞路线，讲述候鸟迁徙的故事。一是开辟直播时段，实时直播黑颈鹤和大天鹅迁徙路线、途经地点、当地保护措施等情况，实时关注候鸟迁徙；二是推出媒体移动直播《守护候鸟迁徙：我欲乘风追万里》，创新媒体交互直播方式，实现电视、新媒体、网友交互直播。首场直播吸引了 13 万网友在线观看，阅读量超过 5500 万；三是在不惊扰候鸟正常活动的情况下，报道团队在高原、湿地、沼泽中搭建掩体，采用高倍、高速、水下摄像机等，拍摄珍贵画面，确保特别报道高质量呈现。

（三）国家海洋局颁布海岸线与滨海湿地保护的政策[①]

海岸线不仅是海洋与陆地的分界线，也是海洋经济发展的“生命线”“黄金线”，更是重要的生态过渡带、资源富集区和人类海洋开发利用活动的聚集区。

由于海岸线管理法律、法规体系不健全，开发利用缺少统筹规划，管理体系凌乱，管控力度不强等，以及围海养殖、填海造地（专栏 2.6）和港口码头建设等大规模的人类活动，自然海岸线日益缩减，海岸侵蚀、沙滩异化、滨海湿地退化与污染等一系列资源环境问题日益严重。

专栏 2.6　滨海湿地面积减少的主要原因：围垦和填海

滨海湿地围垦和填海历史悠久、规模大、速度快。据统计，1950~2000 年，湿地围垦和填海导致全国滨海湿地消失一半。例如，河北曹妃甸工业园区一期工程完成围填海面积 2.283 万 hm^2、天津滨海新区近 10 年间围填海面积达 3.07 万 hm^2、山东莱州湾 2010~2014 年陆地面积扩张 1.79 万 hm^2、江苏如东和东台近 10 年间围填海面积达 3.78 万 hm^2（图 2.1，图 2.2）、浙江杭州湾在 2000~2013 年通过滩涂围垦和填海造地面积为 5.38 万 hm^2、广西钦州湾在 2010~2014 年围垦面积达 0.25 万 hm^2。

图 2.1　江苏东台滩涂围填海工程（于秀波摄）

① 共同作者：张全军

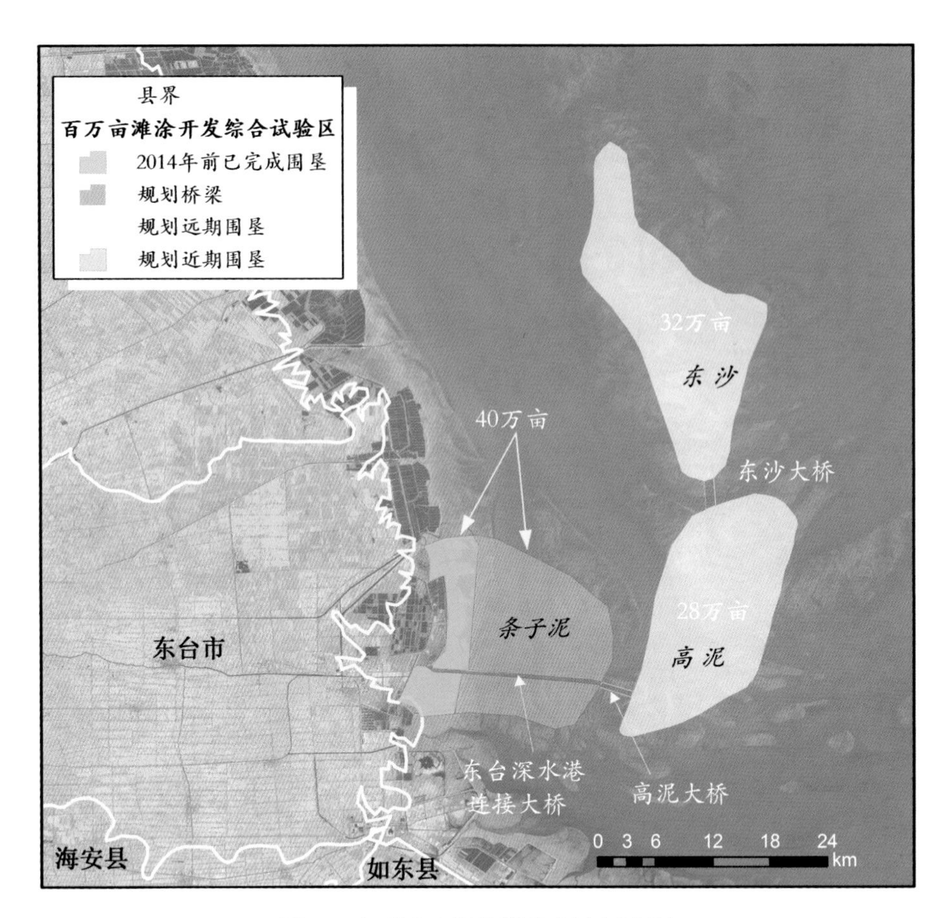

图 2.2 江苏东台围垦情况（刘宇制图）

针对海岸线保护与利用的严峻形势，国家出台了一系列针对性的法规政策，也投入了大量的经费支持海域海岸带保护治理的重大科研项目和滨海湿地修复治理工程。

1.《海岸线保护与利用管理办法》

2016 年 11 月 1 日，中央全面深化改革领导小组审议通过了《海岸线保护与利用管理办法》（以下简称《办法》），由国家海洋局于 2017 年 1 月 19 日印发（图 2.3）。这是我国首个专门关于海岸线的政策法规性文件，弥补了我国海岸线管理的空缺，为依法治海、生态管海、构建科学合理的自然岸线格局提供了重要依据。

制定本《办法》的目的：优先保护海洋生态环境，加强海岸线保护与利用管理，实现自然岸线保有率管控目标（图 2.4），构建科学合理的自然岸线格局。《办法》从我国大陆海岸线保护、海岸线节约利用、海岸线整治修复三个方面强化了硬举措，加大了硬约束，提出了硬要求。

图 2.3　国家海洋局在北京召开《海岸线保护与利用管理办法》新闻发布会

图片来源：中国海洋报讯（记者：路涛）

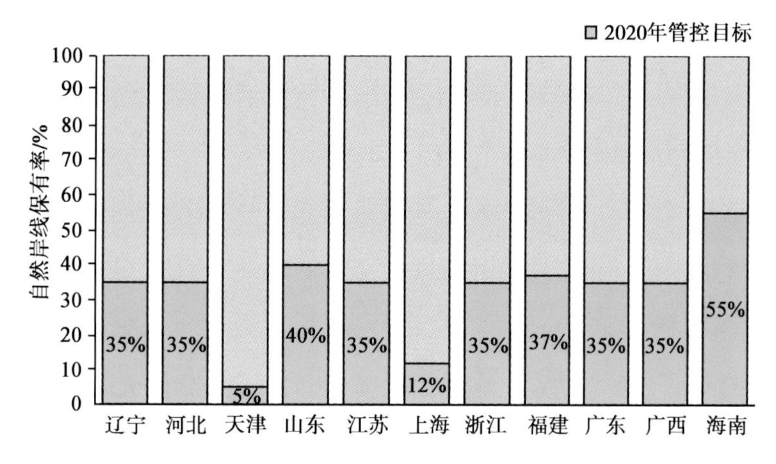

图 2.4　沿海各省（自治区、直辖市）自然岸线保有率管控目标（2020 年）

1）海岸线保护的举措

建立自然岸线保有率控制制度。到 2020 年，全国自然岸线保有率不低于 35%（不包括海岛岸线）。自然岸线保有率管控目标具体落实到沿海省（自治区、直辖市），建立自然岸线保有率管控目标责任制，将自然岸线保护纳入沿海地方人民政府政绩考核。

对海岸线实施分类保护与利用。严格保护岸线，除国防安全需要外，禁止在保护区范围内构建永久性建筑物、围填海、开采海砂、设置排污口等损害海岸地形地貌和生态环境的活动；限制开发岸线，严格控制改变海岸自然形态和影响海岸生态功能的开发利用活动，预留未来发展空间，严格海域使用审批；优化利用岸线，应集中布局确需占用海岸线的建设项目，严格控制占用岸线长度，提高投资强度和利用效率，优化海岸线开发利用格局。

加强海岸线保护与利用的指导监督制。省级海洋行政主管部门会同有关部门组织编制海岸线保护与利用规划，报省（自治区、直辖市）人民政府批准后实施。编制海岸线保护与利用规划应开展规划环境影响评价。凡是一切涉及海岸线保护与利用的相关规划，应落实自然岸线保有率的管理要求。国家海洋局定期组织对沿海地方各级人民政府海岸线保护与利用情况进行监督。

2）海岸线节约利用要求

严格限制建设项目占用自然岸线。对确实需要占用自然岸线的建设项目应严格进行论证和审批。不能满足自然岸线保有率、管控目标和要求的用海建设项目不予批准。

加强占用人工岸线项目的集约节约管理。对占用人工岸线的项目应严格执行建设项目用海控制标准，提高岸线利用效率。

加强新形成岸线的生态建设。占用海岸线的项目应优先采取人工岛、多突堤、区块组团等布局方式，增加岸线长度，营造植被景观，促进海岸线自然化、生态化。

3）海岸线整治修复要求

整治修复要求有规划。要求编制全国和省级海岸线整治修复年度计划和5年规划，并分解落实，建立全国海岸线整治修复项目库。

整治修复要求够标准。海岸线整治修复项目重点安排沙滩修复养护、近岸构筑物清理与清淤疏浚整治、滨海湿地植被种植与恢复、海岸生态廊道建设等工程，实施效果要达到国家海洋局制定的技术标准。

整治修复要求完善资金投入机制。中央财政海岛和海域保护专项资金支持开展海岸线整治修复。沿海地方各级人民政府应当完善海岸线整治修复资金投入机制，开展海岸线整治修复，并积极引入社会资本参与。

2.《关于加强滨海湿地管理与保护工作的指导意见》

2016年12月26日，国家海洋局印发了《关于加强滨海湿地管理与保护工作的指导意见》，要求各级海洋部门要以坚持生态优先、自然恢复为主，分类管理，以合理利用、协调发展为基本原则，科学、规范、有序地开展滨海湿地保护与开发管理工作。力争到2020年，我国实现对典型代表滨海湿地生态系统的有效保护；新建一批国家级、省级及市（县）级滨海湿地类型的海洋自然保护区、海洋特别保护区（海洋公园）；同时，开展受损湿地生态修复，修复、恢复滨海湿地总面积不少于 8500hm^2；强调各级海洋部门在加强滨海湿地管理与保护工作方面有以下 4 项主要任务。

（1）加强重要自然滨海湿地保护。各级海洋部门要把加强重要自然滨海湿地保护、扩大湿地保护面积作为当前滨海湿地管理与保护工作的首要任务；要通过建立海洋自然保护区、海洋特别保护区（海洋公园）等形式，将当前亟须保护的重要滨海湿地纳入保护范围，实行严格有效的保护。2017 年 12 月底前，有关省级海洋部门要将辽宁大凌河口湿地、河北黄骅湿地、天津大港湿地、江苏如东湿地、浙江瓯江口湿地、福建东山湾湿地、广东大鹏湾湿地等选址建立为国家级海洋自然保护区、海洋特别保护区（海洋公园）。

（2）开展受损滨海湿地生态系统恢复与修复。各级海洋部门要坚持自然恢复为主，与人工修复相结合的方式，对集中连片、破碎化严重、功能退化的自然湿地进行恢复、修复和综合治理；坚持陆海统筹、河海兼顾，实施入海污染物总量控制；加强流域综合整治和沿海城镇截污、治污力度，通过源头控制改善滨海湿地环境质量。

（3）严格滨海湿地开发利用管理。各级海洋部门要加强对滨海湿地资源开发利用的监督管理；严格控制征占滨海湿地的围填海工程，实施围填海面积总量控制制度，禁止在重要水生生物的自然产卵场、繁殖场、索饵场和鸟类栖息地进行围填海活动；对于涉及滨海湿地的开发活动，要坚持科学论证、规范使用。

（4）加强滨海湿地调查监测。各级海洋部门要开展重要滨海湿地专项调查，针对重要滨海湿地生态系统和生物多样性优先保护区域，开展潜在生态风险评价；进一步优化滨海湿地重点监控点位布局，提升对滨海湿地的监测能力；建立滨海湿地资料数据库，建立集监测、监控、管理等为一体的多功能滨海湿地综合管理平台，全面掌控我国滨海湿地的动态变化。

美国海岸线管理政策与制度有许多值得我国学习和借鉴的地方（见专栏 2.7）。

专栏 2.7　美国海岸线管理政策与制度

1）分级管理政策

美国海岸带和海域使用管理的决定责权由地方、州、联邦各级政府的机构和实体负责。在沿海各州建立州级海洋管理机构和地方海洋管理机构，形成联邦、州和市（县）地方政府三级海洋管理体系。在管理范围方面，主要分界线是向陆地一侧 5.6km（3n mile）水域及其海床、底土归各州。5.6km（3n mile）以外归联邦；在管理权限方面，联邦政府主要控制所有海域内的国防、跨州商业贸易、海上交通等事务，其他归各州政府管理。

2）资助和补助金鼓励政策

为了鼓励沿海各州与联邦和地方政府合作制定并实施各自的海域使用及海岸带管理规划，美国依据《海岸带管理法》和《国家海洋补助金学院计划》，设立海岸带管理补助金和基金，用于处理各州诸如提高政府决策能力及保护自然资源等具体的管理工作。

3）规划与区划及环境评估制度

联邦政府要求各州在海域使用前必须制定海域使用规划和区划，在规划过程中都要运用科学的方法和模型进行严格的论证、评估和预测，而且在规划批准实施后，所有的开发活动都必须严格忠实地按规划执行。

4）颁发许可证制度

联邦政府授权州一级机构制定海域使用许可证计划，规定对海岸带水陆利用有影响的任何活动都应当获得许可证或执照。所有海岸带开发项目，除各主管部门签发的各种许可证以外，还需要获得海岸带使用许可证且经美国工程师协会证实才能实施。在美国许多沿海州都实行了水产养殖许可证制度，并制定了相应的颁发许可证的条件和标准。

5）海域有偿使用制度

美国在海域使用方面征收多种费用，如区块租金、招标费、产值税等。根据使用的地理位置不同，采取不同的收费标准。在滨水区，平均高潮线向水一侧开发许可证依据《沿海地区设施审查法》制定收费标准，在平均高潮线向岸一侧，开发许可证依据《淡水湿地保护法条例》所规定的收费标准，在有潮水域，根据《1970年湿地法》制定收费标准。

（资料来源：马莎，2013；李宜良和于保华，2006；黄秀蓉，2016）

3. 海域海岸带的保护治理重大生态工程和项目

海域海岸带整治修复专项（总预算：16.0149亿元）：2010~2013年，财政部总共投入2.45亿美元海域使用金（专项资金），通过国家海洋局为中国沿海省（市、区）的74个项目提供支持，这些项目旨在改善、恢复和保护海域、海岛和海岸地区，重建国家级海洋特别保护区，并提高对这些保护区的管理能力。

蓝色海湾整治行动（总预算：45.6262亿元）：2016~2017年，财政部总共投入3.9亿美元海域使用金（专项资金），通过国家海洋局为中国沿海省（市、区）的18个项目提供支持，这些项目旨在通过开展蓝色海湾整治行动，促进近海水质稳中趋好，使受损岸线、海湾得到修复，滨海湿地面积不断增加，围填海规模得到有效控制；在具有重要生态价值的海岛实施生态修复，促进有居民海岛生态系统的保护，逐步实现“水清、岸绿、滩净、湾美、岛丽”的海洋生态文明建设目标。

“南红北柳”生态工程：因地制宜地开展滨海湿地、河口的湿地生态修复工程。南方以种植红树林为代表，海草、盐沼植物等为辅，新增红树林 2500hm^2；北方以种植柽柳、芦苇、碱蓬为代表，海草、湿生草甸等为辅，新增芦苇 4000hm^2、碱蓬 1500hm^2、柽柳林 500hm^2。

“生态岛礁”修复工程：开展受损岛体、植被、岸线、沙滩及周边海域等的修复工程，开展海岛珍稀濒危动植物栖息地生态调查和保育、修复，恢复海岛及周边海域生态系统的服务功能。同时，实施领海基点海岛保护工程，开展南沙岛礁生态保护区建设等。

“银色海滩”岸滩修复工程：主要通过人工补砂、植被固沙、退养还滩（湿）等手段，修复受损岸滩，打造公众亲水岸线。

横琴滨海湿地修复工程：选址于二井湾红树林与芒洲湿地，占地约 4.3km^2，总投资约 6 亿元。建设定位为国际级精品湿地公园，使其成为珠江口区域珍稀红树林湿地资源区、琴澳地区最宝贵的海洋湿地生态系统，以鸟类生境为核心建设目标，以海洋生态修复、湿地生态展示与生态旅游为核心功能，建成珍稀红树林湿地资源区和海洋湿地生态系统。

（四）深圳湾“政府+专业机构+社会公众”的社会化参与自然保育模式[①]

红树林基金会（全称：深圳市红树林湿地保护基金会，Shenzhen Mangrove Wetlands Conservation Foundation，MCF）成立于2012年7月，是国内首家由民间发起的环保公募基金会。

基金会由阿拉善 SEE 生态协会、热衷公益的企业家，以及深圳市相关部门倡导发起。由深圳大学前校长章必功担任理事长，王石、马蔚华担任联席会长。

基金会自成立以来，始终聚焦滨海湿地，以深圳为原点，致力于以红树林为代表的滨海湿地的保护和公众环境教育。迄今，红树林基金会已组建了一个涵盖保育、教育、科研、国际交流等方面的专业人员团队，在各级政府、专家学者、企业和公益合作伙伴等全社会的支持下，创建了社会化参与的自然保育模式。

深圳福田红树林生态公园（以下简称“生态公园”）由福田区人民政府等五家政府机构共同建设，是一个集生态修复、科普教育、休闲游憩等功能为一体的滨海湿地公园。2015 年 11 月，生态公园由福田区人民政府委托给专业的民间环保机构——红树林基金会进行管理，成为国内第一个由政府规划建设委托公益组织管理的城市生态公园。

① 共同作者：李桑；图片来源：红树林基金会

1. 公园规划建设

生态公园位于新洲河与深圳河交汇的入海口，西靠福田红树林国家级自然保护区，南邻深圳湾，与香港米埔自然保护区一水相隔，如同一把钥匙，嵌合在深圳湾的绿色海岸线上，是连接福田红树林国家级自然保护区和香港米埔自然保护区的重要生态廊道（图 2.5）。

图 2.5　福田红树林生态公园在深圳湾的位置

生态公园面积约为 38hm^2，在 20 世纪 90 年代还生长着原生态的红树林，属于福田红树林国家级自然保护区的一部分，后来因为深圳保税区的建设，被填海调整出保护区边界，是深圳填海建设破坏自然生态的一个缩影。生态公园建设前，该区域地块功能混杂，建设凌乱，除南侧一片人工红树林外，其余被分为十宗土地使用，同时还聚集了 30 多家经营商户，100 多处违法搭建。长期作业的运沙码头、练车场、高尔夫练习场的噪声、夜晚灯光，让滩涂湿地失去了本来面貌和原有的生态功能，同时对两岸保护区内的动物栖息环境造成了不良影响。

为了恢复新洲河口滨海湿地生态环境，为市民提供一个体验红树林湿地、认识生态保护重要性的场所，深圳市政府决定建设红树林生态公园。生态公园在功能上定位为福田红树林国家级自然保护区东部缓冲带、红树林湿地生态修复示范区、红树林湿地科普教育基地和适度满足市民休闲需求区。在规划分区方面按照用地现状和实用功能划分为游览区（入口服务区和红树林科普区）、生态修复区和生态控制区。其中游览区和生态修复区完全对市民开放，生态控制区位于深圳湾腹地，是鸟类等生物的集中栖息区，需要进行严格的控制管理以降低人类活动对生态的影响。

2. 管理模式上的创新探索

2015年6月在生态公园建设期间，红树林基金会开始与福田区政府沟通探索社会公益组织如何参与生态公园管理的创新模式。福田区政府委托中山大学旅游学院开展调研工作，编写了《政府委托公募基金会管理红树林生态公园可行性研究报告》，共同确定了“政府+社会公益性组织+专业管理委员会”的管理模式（表2.3）。

表2.3　管理模式分工表

单位	权利及义务
地方政府	监督检查社会公益组织的管理团队和员工培训情况，按进度和标准检查评估结果，支付委托管理经费
社会公益性组织	充分发挥公募基金会优势，在公园日常管理、生态保护和科普教育中充分利用自筹经费，节约、补充政府资金投入，严格执行专业管理委员会设定的评估标准和要求
专业管理委员会	由行业专家及市民代表组成，设定监管和评估的标准及要求，对社会公益性组织的工作进行全面的技术指导、监督和评估

2015年11月，福田区人民政府和红树林基金会签署了《福田红树林生态公园合作框架协议》，确立了红树林生态公园综合管理的战略合作关系，将生态公园的日常综合管理、生态环境保护和自然科普教育任务委托给红树林基金会。

根据委托管理合同的约定，福田区政府指定福田区环境保护和水务局与红树林基金会确定每年的工作计划和费用拨付额度等事宜，并负责组建福田红树林生态公园管理委员会（以下简称管理委员会）对公园进行指导评审、监督检查、评估考核等工作；红树林基金会作为公园管理方，负责制定每年的管理工作计划和年度预算，提交给管理委员会审议，并接受管理委员会的指导和考核，图2.6展示了福田红树林生态公园管理架构。

管理委员会由深圳市生态保护、公园管理、园林规划、环境水务、财政预算等领域专家组成；下设秘书处开展日常监督检查工作；根据秘书处监督评估报告、深圳市公园管理相关规范评定当年工作成效。评定为合格或优秀后进行下一年委托事项。

在资金方面，生态公园的日常综合管理经费根据深圳市城管局、财政局对于市政公园的经费拨付规定由政府财政拨付，生态环境保护和自然科普教育方面的经费则由红树林基金会通过社会募集承担。

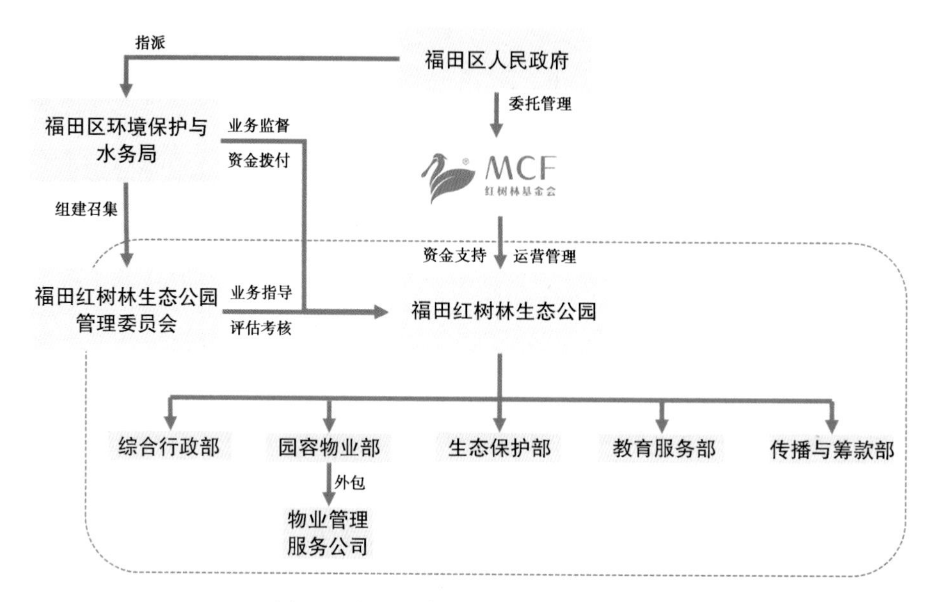

图 2.6 福田红树林生态公园管理架构

3. 生态保育和科普教育

基于生态公园"红树林湿地生态修复"和"科普教育基地"的功能地位，红树林基金会在公园的管理工作主要集中在生态保护及自然科普教育两个方面。

1）生物多样性调查与监测

生态公园是环境友好、体现生态文明的湿地生态修复项目，生物多样性的丰富度是评估生态修复成效的重要指标。红树林基金会与厦门大学、中山大学、深圳大学、华南濒危动物研究所等科研院校建立了合作关系。在科研院校专家的指导下，管理团队在园区内开展了覆盖水文、水质、高等植物、外来入侵物种、蜻蜓、蝴蝶、病虫害、水生动物（虾、蟹、鱼类）、两栖动物、爬行动物、鸟类、哺乳动物、生境等多个门类的调查工作，为生态公园的生物多样性建立扎实的本底信息。

至 2016 年 12 月，监测发现植物 81 科 216 属 307 种；昆虫 14 目 64 科 109 种，以鳞翅目、鞘翅目、直翅目种类最为丰富；鸟类 13 目 36 科 64 属 83 种；两栖动物 1 目 5 科 7 种；爬行动物 1 目 5 科 6 种；水生动物（鱼类、虾、蟹等）5 目 9 科 11 种。

2）生境改造与保育

2016~2017 年管理团队进行了淡水湿地生境修复、生态浮岛建设、红树种植、土壤改良、外来入侵物种清理、海漂垃圾清理、无瓣海桑研究与治理等一系列生境改造和提升活动，生态公园改造前后，景观发生了非常大的改变（图 2.7）。

图 2.7　建成前后的生态公园

上图：建成前；下图：建成后

淡水湿地生境修复：清理小湖沿岸及湖底不利于植物生长的水泥块、砖头和石块，铺设养分丰富的塘泥以利于植物生长及底栖动物的繁衍生存，发动公众参与种植华南地区典型湿地植物 2.4 万株。

生态浮岛建设：生态浮岛由多个浮岛单体组成，在浮岛单体上种植植物，之后用麻绳将其固定连接，安放在水域中。生态浮岛具有为生物创造栖息地、净化水质、美化环境等作用。

土壤改良：园区内的土壤较为贫瘠，氮素尤为缺乏，因此在植被养护的同时对园区的土壤进行翻挖，清除石块，增加有机肥、塘泥等，提高土壤养分。

外来入侵物种清理：生态公园处于城市腹地，有外来物种入侵的风险，包括蟛蜞菊、微甘菊、凤眼莲、非洲鲫、福寿螺和红火蚁等。生态公园先后组织了16次外来入侵物种清理活动，有600多人参与义务服务。

红树种植：在园区内开展了3次红树种植活动，种植秋茄树、海榄雌等12 000多株。

海漂垃圾清理：每月组织市民对南区滩涂红树林区域的海漂垃圾进行清理。

无瓣海桑研究与治理：生态公园南区共有红树林5.2hm^2，其中1.1hm^{2}为20世纪90年代种植的人工林，后来逐渐扩散形成无瓣海桑－桐花－老鼠簕群落。为了恢复和提升本土红树林群落、改善鸟类栖息地，生态公园启动了“福田红树林生态公园湿地生态修复”项目，首先对深圳湾无瓣海桑的面积、扩散速度、林下结构等进行研究，为公园南区的无瓣海桑治理提供科学依据，并编制了《深圳湾无瓣海桑控制治理方案》。

3）自然科普教育

场地是进行自然科普教育的基础，也是体现自然科普教育理念与核心信息的教育载体。生态公园教育团队完成了园区内的教学场所规划、教学设施设计制作和使用，并对场域内导赏内容的设计进行了更新，完成了鸟类导识牌、动植物导识牌、公园历史展板规划、观鸟屋鸟类展板规划、94个树种的200块树牌等。

生态公园以场域为基础，构建了针对不同群体、不同学习深度、不同学习时间和资源投入的自然科普教育课程体系。

公园基础导览：教育团队开发了名为“深圳湾的小钥匙”的周末自然导览活动（图2.8），每个周末，经过培训的自然导览志愿者在带领市民游览公园的同时，介绍红树林和鸟类等科普知识，提高他们的生态保护意识。

主题课程：从2016年12月起开始面向公众开放观鸟活动（图2.9），分设亲子观鸟周和成人观鸟周。2017年规划研发了两门全新课程——“水缸里的秘密”和“我的秘密小花园”，分别以水生植物和深圳本土植物物种为主题。

从2015年12月开园，截至2017年5月，生态公园共开展公众导览活动61次，团队活动97次，公众讲座3次，志愿者培训活动24次，红树林家庭活动7次，志愿者调查3次，大型活动5次[西南野花之美展览、候鸟迁徙嘉年华亲子跑、福保街道办事处“遇存书跑”活动、植物定向亲子嘉年华活动、影像生物调查所（IBE）生物多样性摄影展]，总计参加活动人数超过18 000人次。生态公园现有志愿者90人，导览员参与志愿服务超过668人次，累计服务时间超过2000小时。

图 2.8　周末自然导览活动

图 2.9　观鸟活动

（五）“中国沿海湿地保护网络”在福州成立[①]

2015 年 6 月 17 日，由国家林业局湿地保护管理中心和保尔森基金会共同倡导发起的“中国沿海湿地保护网络”在福州宣布成立，并召开首届研讨会（图 2.10）。会上宣读了《福州宣言》，通过了《中国沿海湿地保护网络章程》。

图 2.10　中国沿海湿地保护网络于 2015 年 6 月 17 日在福州成立

中国沿海湿地保护网络是继长江湿地保护网络、黄河流域湿地保护网络之后，我国创建的第三个湿地保护网络，成员机构包括北起辽宁、南至海南的 11 个沿海省（自治区、直辖市）的湿地管理部门、湿地自然保护区、湿地公园及相关保护组织，为提高中国沿海湿地保护和管理的整体效能搭建合作与交流平台，在网络成员之间分享实践经验和促进协调一致的保护行动及信息共享。

中国沿海湿地保护网络成员机构见专栏 2.8。

专栏 2.8　中国沿海湿地保护网络成员机构

国家林业局湿地保护管理中心是中国沿海湿地保护网络的决策机构和业务主管部门，负责沿海湿地保护网络的管理，负责重大问题的决策，以及与有关部委的协调，负责理事会和专家组的聘任等。

① 共同作者：张琼

网络成员由沿海11个省（自治区、直辖市）（辽宁省、河北省、天津市、山东省、江苏省、上海市、浙江省、福建省、广东省、广西壮族自治区、海南省）的湿地主管部门、国家级/省级自然保护区、国家级/省级湿地公园、国际/国家重要湿地、关注湿地保护的民间组织、有关的大学和研究机构等构成。

1. 网络的基本职能

（1）保护地网络。沿海湿地类型保护地包括国家级自然保护区、省级自然保护区、国家湿地公园、国际重要湿地、保护小区等。保护地网络中有34个国家级保护区，39个省级保护区，16个国家湿地公园，其中包括14块国际重要湿地。

（2）合作伙伴网络。建立由政府湿地主管部门、各湿地保护区管理局（处）、从事湿地与水鸟监测与研究的科研院所和大学、从事湿地与水鸟保护的国内外非政府组织等主要利益相关方组成的合作伙伴网络，作为对话、交流和合作的平台。

（3）知识共享网络。研发并运行沿海湿地与水鸟的信息共享网络系统，内容包括湿地与水鸟调查主题数据库、元数据库、知识库、图片库，国内外最佳湿地保护工具、案例等。

2. 网络的活动方式

（1）召开网络年会。每年（或每二年）召开一次网络年会。每个年会设定一个主题，主题由主办方根据保护需求、专题性或区域性的热点问题设定，由沿海11个省（自治区、直辖市）的林业厅（局）和湿地保护地轮流承办。2016年沿海湿地保护网络年会在深圳召开（图2.11）。

图2.11　中国沿海湿地保护网络年会暨湿地保护培训班于2016年6月在深圳召开

（2）开展水鸟同步监测与调查。组织和协调沿海湿地保护地管理局（处）、观鸟会和非政府组织、观鸟志愿者共同开展沿海水鸟同步调查。

（3）组织专业技能培训。在年会中组织专业技能培训，每年可以设立一个专题，时间为半天或一天。也可根据情况，组织专题性或区域性的技术培训。

（4）宣传、教育与出版。针对沿海湿地与候鸟保护的热点问题，制定沿海湿地与水鸟保护宣传战略，结合“国际湿地日”“爱鸟周”或在候鸟迁徙季节，组织面向公众的宣传活动，鼓励和指导保护区组织具有个性化的湿地导览、观鸟、学生体验馆等活动。

（六）“中国滨海湿地保护管理战略研究”项目成果发布①

2015 年 10 月 19 日，“中国滨海湿地保护管理战略研究”项目成果发布会在北京举行（图 2.12）。项目由老牛基金会资助，保尔森基金会和国家林业局湿地保护管理中心组织实施，由中国科学院地理科学与资源研究所、北京师范大学和北京林业大学等单位执行。

图 2.12　中国滨海湿地保护管理战略研究成果由国家林业局、保尔森基金会和中国科学院地理科学与资源研究所在北京联合发布

1. 项目的主要成果和结论

分析了我国滨海湿地保护现状与受到的威胁，认为近年来我国滨海湿地面积锐减主要是由沿海地区快速、大范围的围垦和填海行为造成的；滨海湿地的大量减少直接导致候鸟栖息地丧失，威胁到迁徙水鸟的生存；我国在滨海湿地保护方面还存在着保护体系不健全，立法、制度

① 共同作者：张琼

空缺，科技支撑能力薄弱等问题。

分析了我国滨海湿地保护空缺和优先区域，认为中国滨海湿地面积为 579.59 万 hm^2，占全国湿地总面积的 10.85%。中国滨海湿地现有保护区 126 个，其中国家级 40 个、省级 52 个、其他类型保护区 34 个。本研究确定的 140 个优先保护区中，目前仍有 49.3% 处于保护空白状态。研究还提出了 107 个建议列入国家首批生态保护红线的滨海湿地，列出了需要优先安排的 20 个重要性较高的滨海湿地点、确定了 11 个亟待保护的滨海水鸟栖息地，并根据研究成果提出了六项中国滨海湿地保护与管理建议（专栏 2.9），总结了中国和美国的湿地保护与恢复案例，提出了我国滨海湿地保护管理优化模式和行动指南，为我国滨海湿地保护提供了科学依据。

专栏 2.9 "中国滨海湿地保护管理战略研究"项目提出六项建议

（1）加强国家层次湿地立法与制度建设，开展滨海湿地资源资产确权、绩效考核和责任追究试点。

（2）重新评估并暂停实施已批复的滨海湿地围垦和填海工程项目。

（3）继续实施滨海湿地保护恢复工程，开展湿地保护投融资机制试点。

（4）新建滨海湿地类型保护区或扩大保护区范围，填补保护空缺，并列入滨海湿地生态红线名录。

（5）加强滨海湿地监测与评估，启动滨海湿地恢复的专项科技行动计划。

（6）发挥中国沿海湿地保护网络的平台作用，促进公众参与。

2. 项目成果的应用

项目的研究成果受到国内外媒体的高度关注，《中国环境报》、第一财经、《中国科学报》、财新视频等 11 家媒体对研究成果及相关人员进行专访。*Science*、*China Dialogue*、*The New York Times*、Ramsar 网站、EAAFP 网站、《中国环境报》、《中国科学报》、《中国绿色时报》等多家媒体进行了报道，《中国国家地理》发表专栏文章，引起社会的广泛关注。项目成果发布会之后，项目相关成果持续发酵，我国滨海湿地相关保护部门真正意识到滨海湿地保护的重要性和迫切性。

项目提出的中国 11 块亟待保护的滨海湿地已经由项目资助方之一美国保尔森基金会主席亨利·保尔森先生提交给了相关的 6 个沿海省份，并得到积极响应。江苏省叫停了东台"条子泥"围垦计划，河北省已规划筹建滦南湿地保护区。

有关“沿海区域开展滨海湿地保护改革，推动生态文明建设，确保 8 亿亩生态保护红线”的建议由亨利·保尔森先生提交给了中央财经领导小组办公室主任，国家发展和改革委员会副主任、中央经济体制和生态文明体制改革专项小组组长刘鹤。

阿拉善 SEE 基金会于 2016 年 3 月启动“任鸟飞”项目，重点开展滨海湿地保护行动，2017 年“任鸟飞”项目已评选出来自 28 家机构的 32 个湿地保护项目入选“任鸟飞”民间保护网络。资助的项目活动包括湿地基础信息收集、地块威胁监测、鸟类调查与监测、自然教育、反盗猎和鸟类救护等。

国家林业局、国家海洋局与湖南省林业厅共同申报全球环境基金（GEF）“中国水鸟迁徙路线保护网络”项目。国际执行机构为联合国开发计划署，项目拟选择 4 个示范区：山东滨州贝壳堤岛与湿地国家级自然保护区、广东湛江红树林国家级自然保护区、广西北仑河口国家级自然保护区、云南大山包黑颈鹤国家级自然保护区。

（七）崇明东滩治理互花米草入侵取得明显成效①

上海崇明东滩鸟类国家级自然保护区互花米草生态控制与鸟类栖息地优化工程（以下简称“崇明东滩生态修复”项目）是针对崇明东滩鸟类国家级自然保护区互花米草入侵与扩张的态势，主动采取生态学与工程学相结合的途径，有效地控制互花米草生长扩张并修复鸟类栖息地功能，维持和扩大鸟类种群数量，改善崇明东滩国际重要湿地质量的重要举措。

1995 年人工引入崇明东滩的互花米草在促淤造滩方面发挥出了重大的作用。但由于互花米草竞争性强，逐渐占据了潮间带的生境，至 2005 年已形成大面积的单种优势植被群落，逐步取代了原有的海三棱藨草和芦苇群落植被，破坏了近海生物的栖息环境和食物网结构。原有生境的改变，给滩涂湿地的生物多样性带来明显不良影响，底栖动物减少，鸟类等重要保护物种所需的海三棱藨草块茎、种子等食物的减少，威胁着迁徙鸟类的健康与繁衍生存，影响了过境鸟类完成生命周期的重要过程。

针对互花米草入侵问题，保护区积极与科研机构开展合作，探索出了“围、割、淹、晒、种、调”的互花米草综合治理经验，在摸清互花米草入侵与扩张趋势后，对互花米草入侵区域实施物理治理和修复。在上海市政府的支持下，“崇明东滩生态修复”项目启动，项目实施总面积为 24.2km^2，总投资为 116 014 万元。主要建设内容包括互花米草生态控制、鸟类栖息地优化和科研监测基础设施及配套服务设施等三大部分。崇明东滩生态修复工程全景如图 2.13 所示。

① 共同作者：李梓榕；照片来源：上海崇明东滩鸟类国家级自然保护区

图 2.13　崇明东滩生态修复工程全景俯瞰（李闯、冯雪松摄）

该项目共分为三个阶段：第一阶段主体工程内容主要包括围堤、涵闸和随塘河水系构建；第二阶段互花米草生态控制及鸟类栖息地优化工程内容主要包括围堤内外的互花米草清除、鸟类栖息地优化、海三棱藨草种群复壮及互花米草治理科研宣教中心建设等工作；第三阶段主要是围堤外互花米草治理以及闸外防淤减淤工程、配套生态监测系统及配套公共服务设施、湿地生态系统定位观测站和生态环境监控评估站的建设等工作。

截至目前，项目已基本完成合同工程量建设任务。建成 26.9km 长的围堤，4 座涵闸和 1 座崇明最大的出水闸——东旺沙水闸，开挖了近百千米的各类河道、潮沟，灭除了近 2 万亩的互花米草，营建了 3 万多亩的优质、稳定、可持续管理的水鸟栖息地（图 2.14），恢复了 3000 多亩的土著海三棱藨草（图 2.15）及海水稻，修复生境单元 20 个，构建了鸻鹬类、雁鸭类、鹤类三类水鸟的主栖息地，相互连通的骨干水系，营造形成了岛屿、漫滩、开阔水域、盐沼、沙洲、水稻田等多样化生境，为迁徙过境的鸻鹬类和越冬的雁鸭类等水鸟提供了良好的栖息环境，前来东滩过境停歇或越冬的水鸟种群和数量大幅增加（图 2.16），东滩保护区的生态环境面貌大大改善。

“崇明东滩生态修复”项目是亚太地区候鸟迁徙路线上规模最大的以控制外来物种，修复、恢复迁徙水鸟栖息地功能为主要目标的生态修复工程，为中国滨海湿地类型自然保护区控制外来种入侵提供典型案例和有益经验，同时也有助于大力推进崇明东滩建设国家示范自然保护区，推动湿地保护与合理利用协调发展，更好地服务于崇明现代化生态岛和上海生态宜居城市建设。项目工程获 2016 年中国人居环境范例奖，也被评为 2016 年上海市水利工程金奖。

图 2.14　崇明东滩鸟类栖息地优化工程与效果图（张斌摄）

图 2.15　崇明东滩恢复良好的海三棱藨草种群

图 2.16　修复后的区域招引迁徙水鸟效果明显（张斌摄）

（八）七部门联合开展打击野生动物的违法犯罪“清网行动”[①]

针对日益猖獗的候鸟捕杀等非法行为，2016年10月1日，国家林业局召开电视电话会议，对打击乱捕、滥猎、滥食和非法经营候鸟等野生动物违法犯罪活动做出部署，宣布自2016年10月18日至11月30日，在全国范围内部署开展保护候鸟等野生动物的“清网行动”。

在候鸟等野生动物保护重点区域与地方政府签订保护责任状，设定目标，明细责任，并对落实不到位、行动不力的情况，将对责任人进行约谈或曝光，严查行动过程中失职、渎职行为。

本次“清网行动”的重点是强化对候鸟等野生动物集群分布区、繁殖地、越冬地、迁飞停歇地及迁飞通道等重点区域和线路的野外巡护看守，严防使用网捕、毒药等违法工具乱捕、滥猎候鸟等野生动物的活动，加强对餐馆饭店、花鸟市场、交通运输等的执法检查，密切追踪网上野生动物及制品交易信息，阻断非法运输、经营候鸟等野生动物的链条，取缔非法交易黑市。

本次“清网行动”源于天津与河北交界的万米捕鸟网事件。2016年9月28日，天津护鸟志愿者团队在天津滨海新区汉沽街道与河北唐山市交界处芦苇湿地内，发现大量非法捕鸟网（图2.17）。之后又在中新天津生态城、天津滨海物流加工区、天津汉沽区泰达慧谷投资服务中心、北京清河农场（北京市的飞地，临近天津市）分别发现“万米网海捕鸟”，共解救野生鸟类数千只，拆除捕鸟网近5万多米。此事件经央视、澎湃新闻等媒体报道后，各大门户网站均将其列入首页头条，震动全国。国家林业局旋即派出督察组前往事发地了解情况，此后启动了“清网行动”，并与公安部、工业和信息化部（工信部）等七大部门联合行动（图2.18），下发《关于严厉打击乱捕滥猎滥食和非法经营候鸟等野生动物违法犯罪活动的紧急通知》。

图2.17　滥捕滥杀野生候鸟（王建民摄）

① 共同作者：张全军

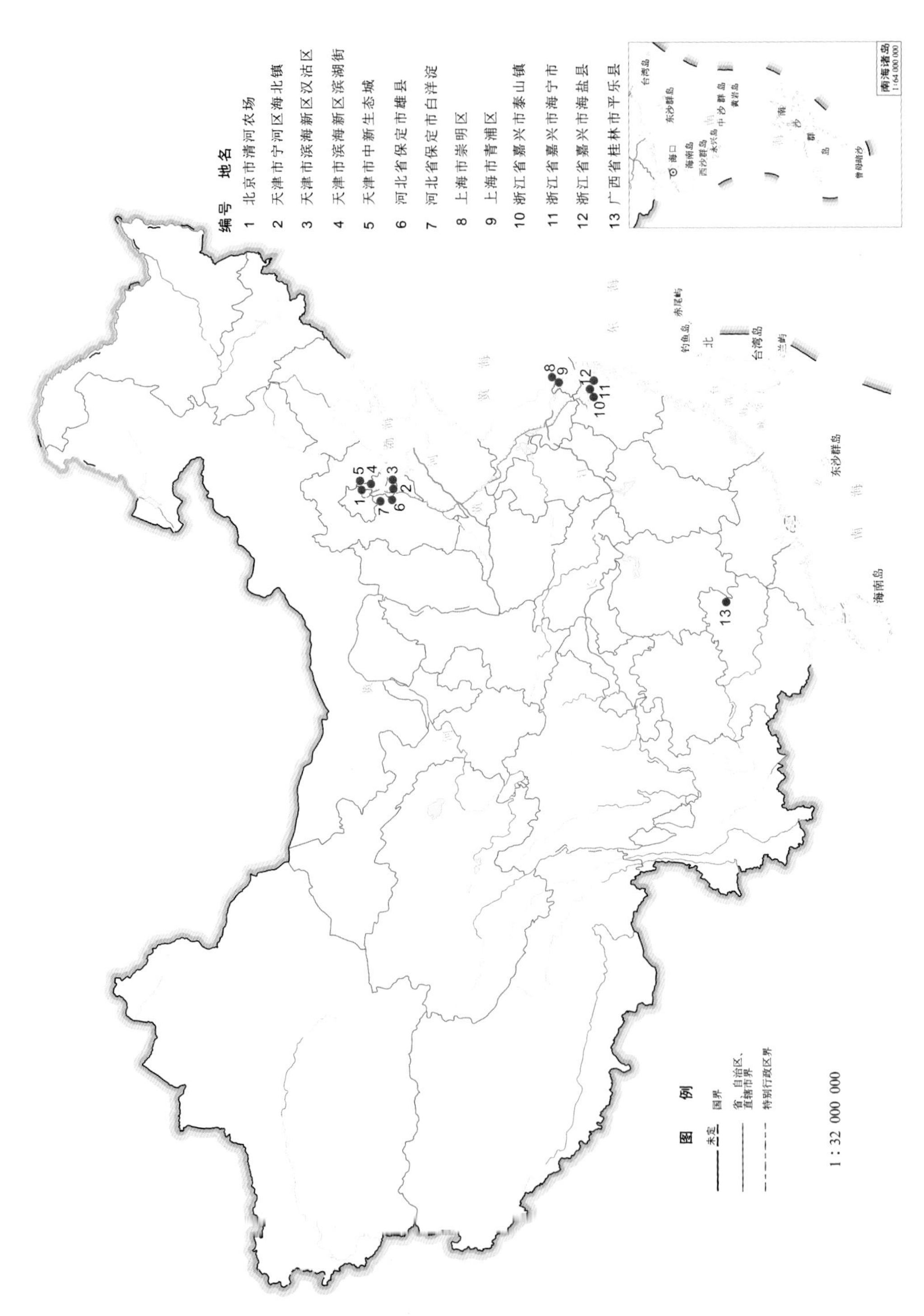

图 2.18 七部门联合清网行动拆网地点（夏少霞制图）

此次引发舆论广泛关注的“万米网海捕鸟”，并非发生在偏僻的深山，而是在城市的被遗忘地带，如废弃的工业园、飞地等。在宁河区“包围”的范围内，有清河农场、唐山芦台经济开发区两块独特的区域，两地从地理位置来看位于宁河区，但在行政区域划分上分别隶属北京、河北管辖，是两地在天津的两块“飞地”。这块行政管辖犬牙交错的地域，却成了捕鸟、贩鸟者的“胜地”。捕鸟者在这一区域内“打游击”式地布网，常年形成“贩鸟一条龙”服务，虽然遭多次曝光、打击，但屡禁不止。同样的情况还出现在中新天津生态城、天津滨海物流加工区和天津汉沽区泰达慧谷投资服务中心。

“清网行动”开始后，天津等地纷纷采取措施。10 月 10 日，天津市分管农业、林业等工作的副市长召开多部门会议，会上特别指出，要彻查天津乱捕滥猎野生候鸟交易链，并要求天津市公安必须介入。会议之后，天津公安机关在全市范围内组织开展了为期两个月的专项行动，集中打击非法猎捕、养殖、交易鸟类活动的背后利益链条。10 月 26 日，天津共抓获犯罪嫌疑人 15 人。11 月 22 日，天津检察机关依法对天津沿海“万米网海捕鸟”系列案件中的 4 名犯罪嫌疑人以涉嫌非法狩猎罪决定批准逮捕，2 名犯罪嫌疑人以涉嫌掩饰、隐瞒犯罪所得罪决定批准逮捕。

2016 年 11~12 月，国家林业局、国家工商行政管理总局联合相关部门共派出 6 个督导组，赴全国 20 余个省（自治区）监督检查候鸟等野生动物保护情况。

（九）2016年黄渤海水鸟同步调查成功举行[①]

2016 年黄渤海水鸟同步调查由湿地国际 – 中国办事处、中国野生动物保护协会、中国科学院东北地理与农业生态研究所、北京生物多样性保护研究中心联合组织，黄渤海地区相关环保、林业、海洋部门的湿地保护区、湿地公园、大专院校及科研院所等近 30 家单位，以及来自澳大利亚、新西兰、英国、荷兰的国际鸟类专家共同合作完成。同步调查时间是 2016 年 4 月 18~24 日（1 周时间）。调查范围北起鸭绿江口，南至长江口，包括辽宁、河北、天津、山东、江苏、上海 6 个省（直辖市），岸线总长约 6500km。另外，宁波杭州湾湿地也在此次调查范围内（图 2.19）。

本次调查共记录到 119 种 806 229 只水鸟，其中未识别鸟类 98 121 只，占总数的 12.17%；鸻鹬类 607 718 只，占总数的 75.38%；鸥类和燕鸥类 54 727 只，占总数的 6.79%；雁鸭类 21 999 只，占总数的 2.73%；鹭类和鹮类 17 114 只，占总数的 2.12%；秧鸡类 3560 只，占总数的 0.44%；其他鸟类共 2990 只，占总数的 0.37%。此次调查，水鸟总数大于 20 000 只的栖息地中共有 8 块达到了具有国际重要意义的标准。

① 共同作者：钱法文、段后浪，根据湿地国际 - 中国办事处的《2016 年黄渤海水鸟同步调查报告》整理编写。

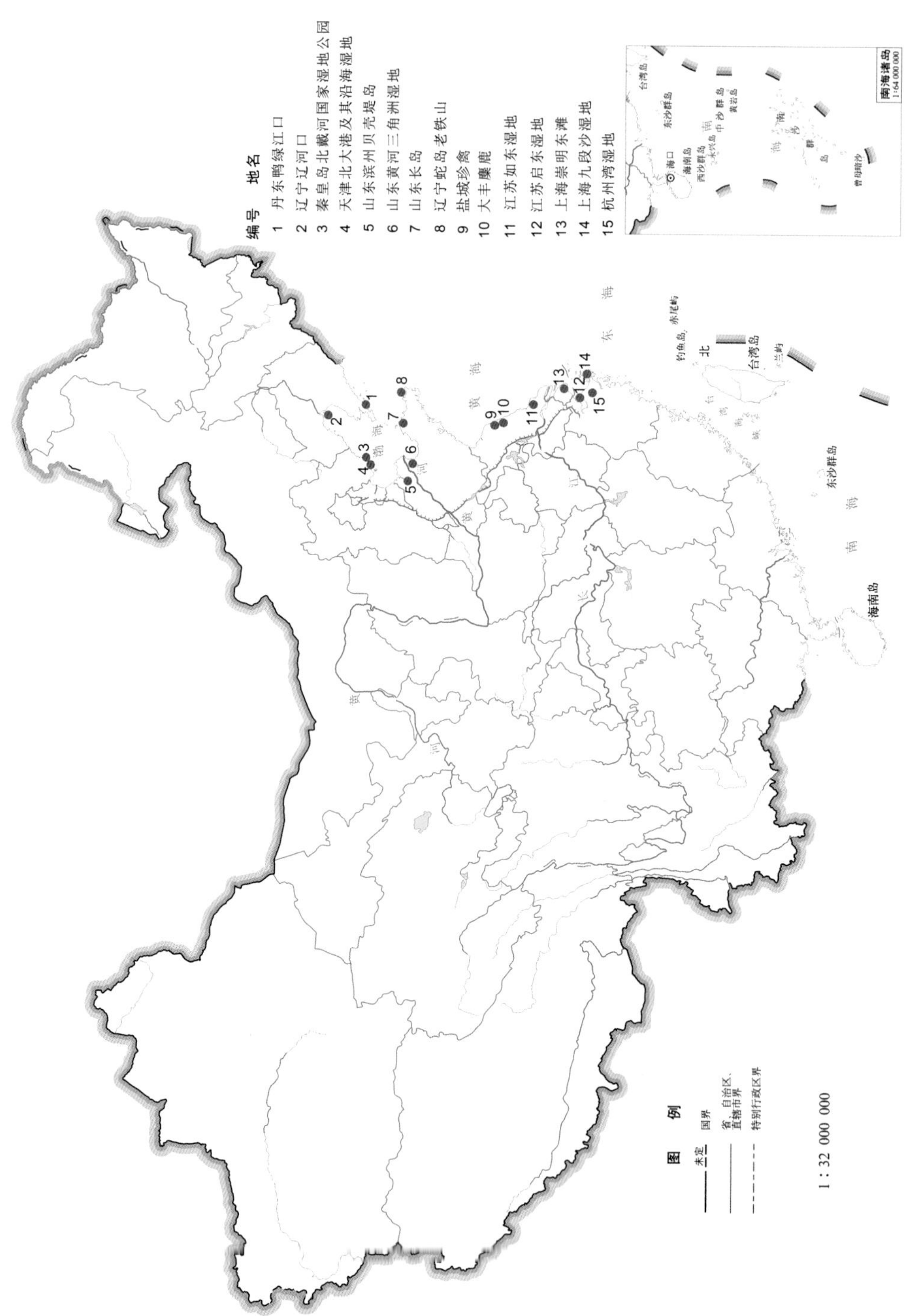

图 2.19 黄渤海水鸟同步调查点（段后浪制图）

在这8个调查点中，辽宁营口－大连地区沿海湿地、河北滦南湿地、浙江宁波杭州湾湿地未被列入保护范围，但依据本次调查结果确认，它们均是东亚－澳大利西亚候鸟迁徙路线上重要的水鸟栖息地。

此次调查共发现35个水鸟种类达到了具有国际重要意义的标准，调查所选定的18个调查区域，其中包括国际重要湿地5个，国家级自然保护区11个，省级自然保护区1个。在18个调查区域中，有14个区域至少有一个水鸟物种达到了具有国际重要意义的种群数量。山东黄河三角洲国家级自然保护区、江苏盐城国家级珍禽自然保护区、丹东鸭绿江口湿地国家级自然保护区、天津北大港湿地、辽宁辽河口国家级自然保护区、河北滦南南堡湿地、辽宁蛇岛老铁山国家级自然保护区具有国际重要意义的物种数量超过8种。在一些地点记录到的物种种群数量占整个迁徙路线种群数量的比例较高，共有10处地点至少有一个物种在数量上超过了该物种在迁徙路线上种群数量的5%。具有这些特性的地点在保护上有着极其重要的意义。

本次调查在18个地点记录到120个水鸟物种，其中35种达到1%国际重要意义标准（如果一块湿地定期栖息有一个水禽物种或亚种某一种群1%的个体，就应被认为具有国际重要意义），充分说明了黄渤海沿岸湿地在东亚－澳大利西亚候鸟迁徙路线上具有非常重要的价值。国家和政府层面需加强对黄渤海地区的湿地与水鸟重要价值的认识，同时黄渤海地区湿地保护区或湿地公园技术人员和管理者应提高对湿地生物多样性和水鸟的保护及监测能力。但该地区也面临着地区经济发展导致湿地严重退化和丧失、迁徙水鸟栖息地丧失和食物供应不足等问题。在加强生态文明建设的国家战略的新形势下，保护好黄渤海地区极其重要的湿地及生物多样性显得尤为迫切，这也是湿地国际在时隔10年后再次组织开展黄渤海湿地水鸟同步调查的意义所在。

（十）“任鸟飞”项目推动民间湿地保护①

阿拉善SEE基金会（注册名称为“北京市企业家环保基金会”）于2008年由阿拉善SEE生态协会发起成立，致力于资助和扶持中国民间环保NGO的成长，打造企业家、NGO、政府、科研机构、公众等多方共同参与的社会化保护平台，共同推动生态保护和可持续发展。2016年3月由阿拉善SEE基金会正式发起，并将与红树林基金会（MCF）共同打造“任鸟飞”项目。

① 共同作者：柏樱岚

“任鸟飞”项目是守护中国最濒危水鸟及其栖息地的一个综合性生态保护项目，该项目将在2016~2026年，以超过100个亟待保护的湿地和24种珍稀濒危的水鸟为优先保护对象，以科学调查为依据，通过民间机构发起行动、企业投入、社会公众参与的方式，搭建与政府自然保护体系互补的民间保护网络，建立保护示范基地，进而促进政府、社会的相关投入，共同守护中国最濒危的水鸟及其栖息地。

其策略之一是搭建与政府自然保护体系互补的民间保护网络，实现快速覆盖保护空缺地，维持其存续。“任鸟飞”民间保护网络是由在项目区域内开展保护行动的机构和个人组成的网络联盟。阿拉善SEE作为网络发起方，每年通过公开招标、评审、资助的方式，吸纳网络成员，开展联合的湿地巡护、鸟类调查、公众倡导等活动，旨在增强濒危水鸟及其栖息地的民间保护力量。

2017年3月，有上百家民间保护机构进行了“任鸟飞”民间保护网络项目申请，经过合规审查和专家评审两轮审核后，4月“任鸟飞”民间保护网络2017年度资助项目名单正式出炉，来自28家机构的32个湿地保护项目入选“任鸟飞”民间保护网络（图2.20），其中有9个项目地块为国际重要湿地。每个项目的资助金额是5万~15万元，共资助300.07万元。资助的项目活动包括湿地基础信息收集、栖息地威胁监测、鸟类调查与监测、自然教育、反盗猎和鸟类救护等。

2017年6月，阿拉善SEE基金会在北京举办了为期两天的“任鸟飞”2017民间保护网络培训会，有近50名项目代表参加（图2.21）。“任鸟飞”项目为此次培训开发了《SEE任鸟飞民间保护网络工作手册》和“任鸟飞”数据填报系统。培训内容包括：自然教育；项目品牌管理和传播规范以及如何提升项目透明度和公众参与度；结合数据填报系统进行威胁监测；地图类辅助调查工具的使用；鸟类调查与监测等不同主题的培训和室外实际操作课程。

“任鸟飞”数据填报系统可以让执行机构上传和查看地块数据、巡护监测数据、自然教育数据、鸟类调查数据等。该系统的使用不仅方便了一线工作人员以便捷的形式随时记录外来入侵种、盗猎事件、污染源等对湿地的破坏事件，还可以进行快捷的鸟类调查数据收集。规范化的数据填报、常年的数据累积将逐渐“拼”出中国滨海湿地保育的最真实“图像”，通过对数据的分析能够更加准确、全面地反映出中国滨海湿地保护的关键问题与现状。

目前，资助的28家机构都相继开展了项目培训和鸟调、巡护等项目活动，积极投入到湿地保护空缺地的守护工作中。

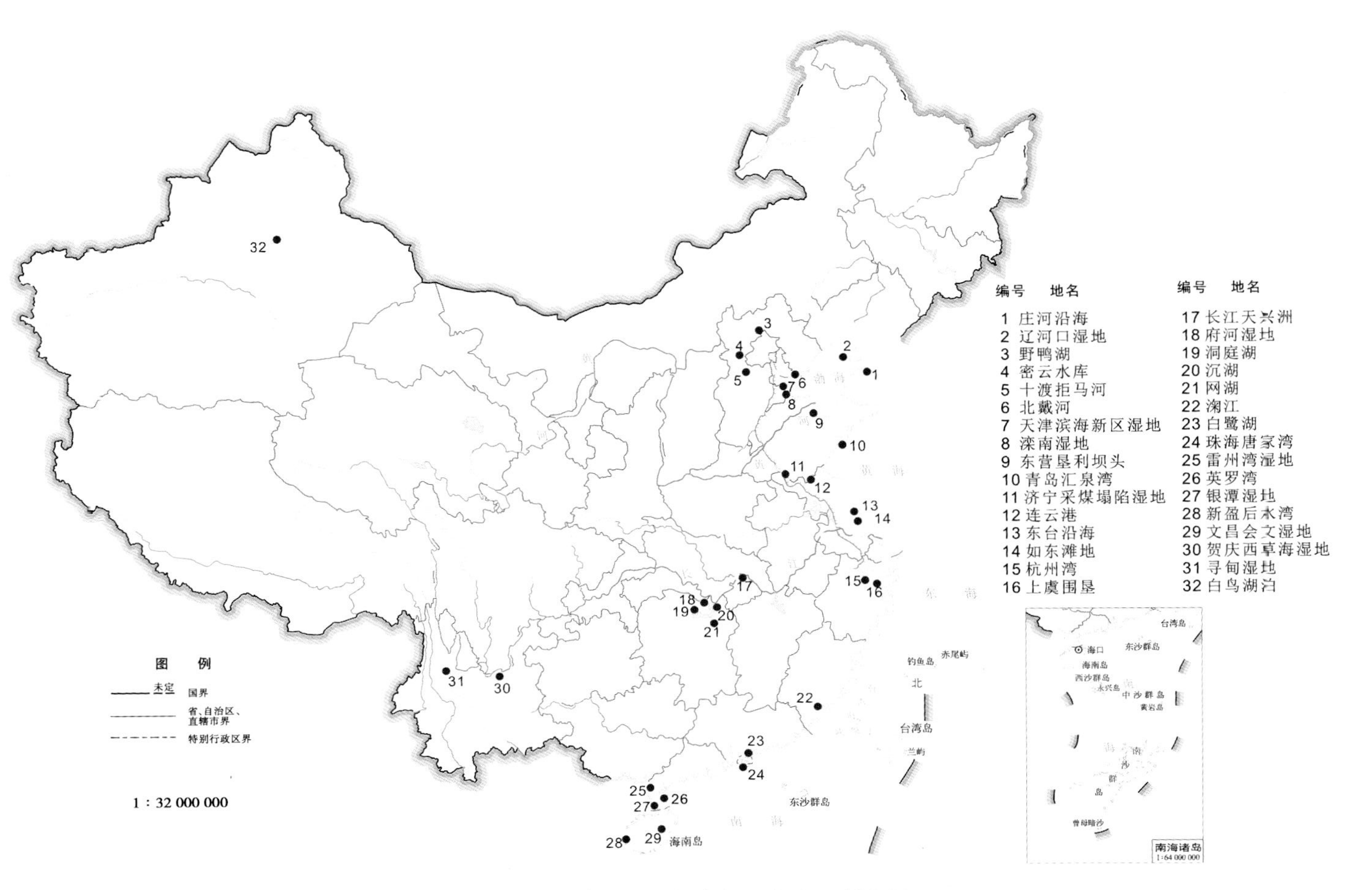

图 2.20　SEE资助项目点分布图（夏少霞制图）

图 2.21 “任鸟飞”2017 民间保护网络培训会合影

最值得关注的十块滨海湿地 第三章

本章主笔作者：夏少霞

滨海湿地生态系统为人类社会提供了丰富的生态系统产品和服务，特别是在红树林、海草床等代表性生态系统和生物多样性保护方面具有重要意义。“中国滨海湿地保护与管理战略”项目（以下简称“蓝图”项目），对中国滨海湿地进行了全面的评估，共选出了180块重要滨海湿地，除73个现有湿地保护区外，尚有61块水鸟栖息地，12块贝类等软体动物栖息地，28处海草床和6处红树林栖息地处于保护空缺状态，亟待开展保护行动。

这些湿地处于沿海人口增加和经济发展的双重压力下，开展全面保护难度高，而且这些湿地的重要性没有得到足够认识。阿拉善SEE基金会支持的“中国沿海湿地保护绿皮书”（即本报告）项目，倡议发起“最值得关注的十块滨海湿地”评选活动，聚焦社会团体、公众及政府层面对滨海湿地的关注，期望借此推动湿地保护和恢复行动。由此，发起了“2016年最值得关注的十块滨海湿地”评选活动。

参与评选的湿地主要向社会征集，针对从事沿海湿地研究和保护的众多科研机构、大学、民间观鸟协会、非政府组织及社会团体，受信息传递、媒体平台的局限性，推选的湿地并未全部覆盖蓝图项目提出的重要滨海湿地。然而，此次参与评选的湿地范围北至辽宁盘锦，南至海南文昌，覆盖了滩涂、红树林、海草床等主要的湿地类型，在生物多样性及代表性生态系统的保护方面具有重要价值。同时，这些湿地中大多存在一些湿地保护和恢复的后续行动，具有良好的保护前景。然而，除此次评选出的湿地外，仍有大部分湿地处于保护空缺区，需要持续开展保护和修复行动，“最值得关注的十块滨海湿地”拟每两年评选一次。

一、最值得关注的十块滨海湿地评选

2016年11月，由阿拉善SEE基金会和中国科学院地理科学与资源研究所发起，开展了“2016年最值得关注的十块滨海湿地（Top 10 Coastal Wetlands in Danger）”评选活动。自2016年11月15日起，通过网站、社交媒体等陆续发布、接受公众推荐消息，向从事沿海湿地研究和保护的众多科研机构、大学、民间观鸟协会、非政府组织及社会团体等广泛征集信息。截至2016年11月29日完成公开推荐，共收到来自20个单位的28份推荐书，涉及参与评选的湿地共23块。

2016年11月30日，中国科学院地理科学与资源研究所组织“2016年最值得关注的十块滨海湿地”的专家评选活动。来自阿拉善SEE基金会、中国科学院地理科学与资源研究所、北京师范大学、北京林业大学、天津师范大学、红树林基金会、国家林业局UNDP-GEF湿地保护体系项目、天津滨海新区湿地保护志愿者协会、勺嘴鹬在中国等12个机构的17位专家代表对推荐的湿地开展评选。

专家分别从湿地的重要性、保护的迫切性、社会关注度等方面出发，筛选出了以下4条标准（专栏3.1），并据此标准，进行专家投票评审，按照得票数评选出前十块湿地（评选结果见表3.1，在全国范围的分布见图3.1）。2016年12月3日，该十块滨海湿地名录在上海阿拉善SEE华东项目中心年会上发布。

专栏3.1　最值得关注的十块滨海湿地评选标准

（1）湿地生态系统功能具有极高的价值。湿地具有极高的生物多样性，是某个（些）动植物物种重要且不可缺少的栖息地。

（2）湿地面临威胁严重，包括人类活动、气候变化和外来物种入侵等相关的威胁。

（3）在未来几年中的重大决定可能对该湿地具有重要影响，包括围垦、养殖、修建海堤与港口或实施重大恢复工程等。

（4）该湿地急需得到更多的关注，并尽快采取有效的保护行动。

表3.1　最值得关注的十块滨海湿地评选结果

序号	推荐的湿地名称	推荐单位	联系人
1	辽宁盘锦辽河口湿地	沿海水鸟同步调查组	白清泉
2	河北滦南南堡湿地	北京师范大学	朱冰润
3	河北唐山菩提岛湿地	唐山市野生动物保护协会	田志伟
4	天津汉沽滩涂湿地	天津市滨海新区汉沽护鸟团队	王建民
5	天津北大港湿地	天津师范大学、天津滨海环保咨询服务中心	莫训强、张国兵
6	河北沧州沿海湿地	沿海水鸟同步调查组	陈志鸿
7	江苏连云港临洪口－青口河口湿地	沿海水鸟同步调查组	韩永祥
8	江苏如东－东台滩涂湿地	勺嘴鹬在中国	李静
9	广东湛江雷州湾湿地	湛江市爱鸟协会	林广旋
10	海南文昌会文湿地	海南省观鸟会	卢刚

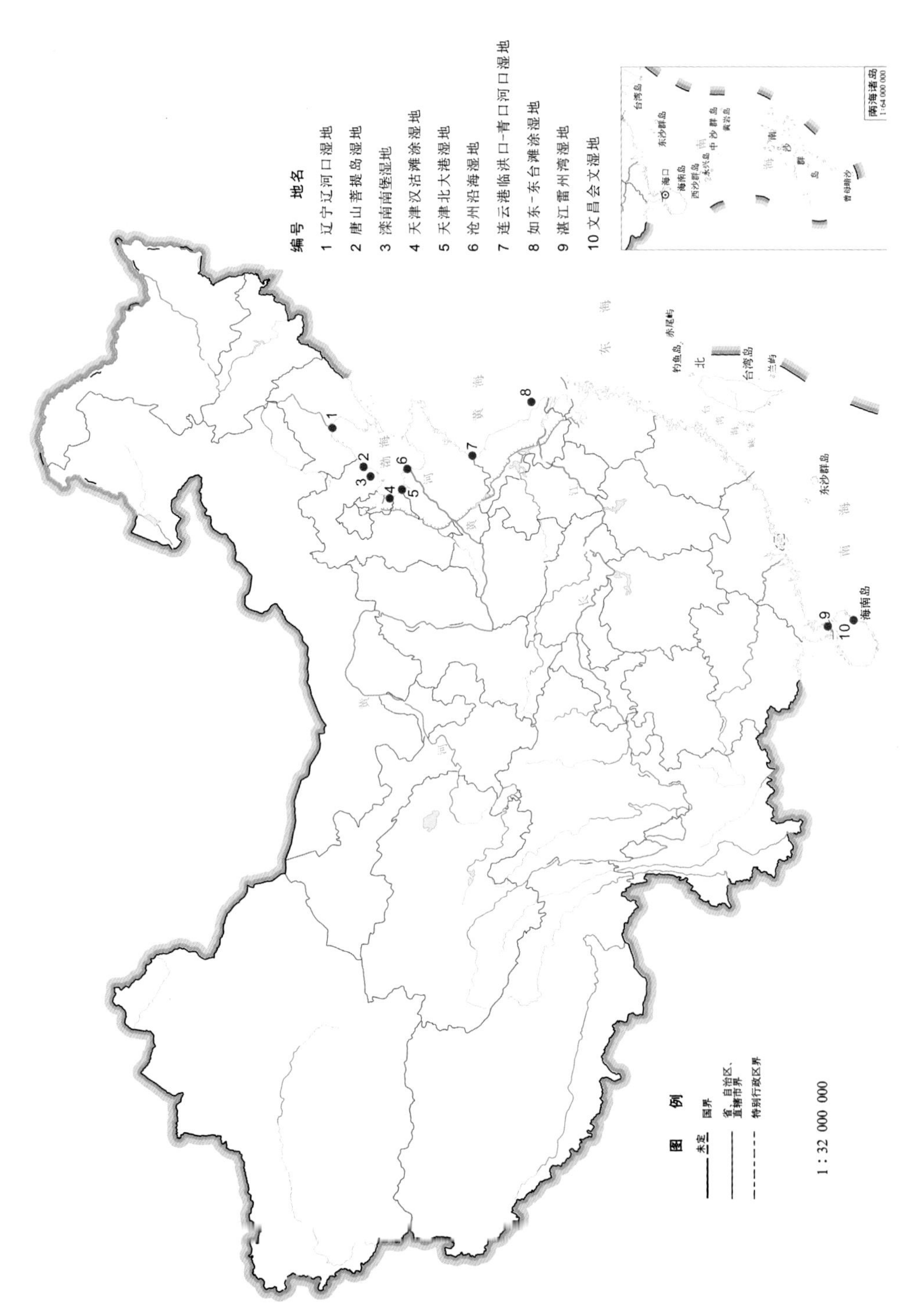

图 3.1 最值得关注的十块滨海湿地分布（夏少霞制图）

二、最值得关注的十块滨海湿地介绍

这十块滨海湿地北至辽宁盘锦，南至海南文昌，覆盖了滩涂、红树林、海草床等主要的湿地类型，在生物多样性及代表性生态系统的保护方面具有重要价值。然而，由于多种原因，这些湿地大多未被列入现有的保护地体系中，未来面临诸多压力。下面分别从湿地的特点及重要性、面临的威胁，以及保护与发展的契机等方面，对2016年评选的最值得关注的十块滨海湿地进行介绍。

（一）辽宁盘锦辽河口湿地①

辽宁盘锦辽河口湿地是中国最北端的滨海湿地（图3.2），位于盘山县、大洼区，湿地总面积为31.5万hm^2，属于海岸湿地和内陆三角洲湿地复合生态系统，包括芦苇沼泽、滩涂、浅海海域、河流、水库和水稻田6种湿地生态类型，其中天然湿地面积为16万hm^2，占湿地总面积的50.8%，人工湿地面积为15.5万hm^2，占湿地总面积的49.2%。辽宁双台河口（即辽河口）国家级自然保护区拥有湿地面积8万hm^2，占盘锦自然湿地面积的50%。

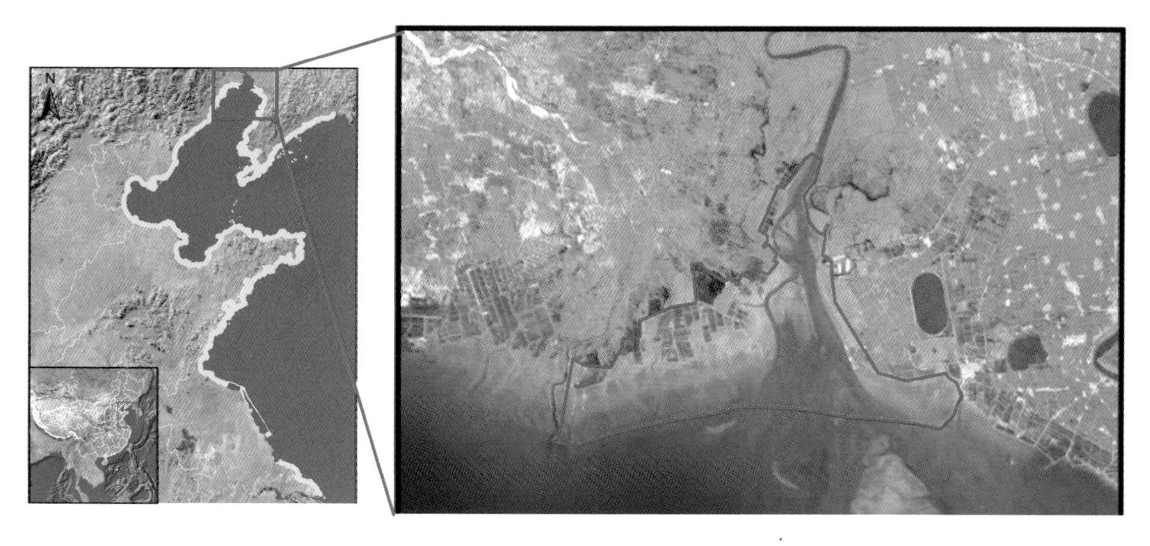

图3.2 盘锦辽河口湿地分布图（李贺制图）

1. 湿地的特点及重要性

盘锦辽河口湿地是全球生态系统最完整的湿地之一，湿地类型包括近海与海岸湿地、河流湿地、沼泽湿地和人工湿地，以潮间带滩涂及围堰池塘为主。作为盘锦湿地的组成核心——辽

① 共同作者：张明

河口国家级自然保护区是中国最大的湿地自然保护区之一。

盘锦辽河口湿地植被分布种类比较单一，主要以盐沼和耐盐植物为主，在滩涂生长的翅碱蓬，生长季节一片赤红，俗称“红海滩”（图 3.3）。陆上沼泽环境以芦苇为优势种群，分布面积达 5.26 万 hm^2，是世界上面积最大的芦苇沼泽湿地。这种红绿分明的带状植物分布规律在我国沿海很少见，具有极高的观赏价值和重要的科研价值。

图 3.3　东方白鹳与壮观的盘锦“红海滩”（张明摄）

盘锦还拥有丰富的生物多样性，这里是东北亚地区野生丹顶鹤繁殖的最南限，是目前世界上最大的黑嘴鸥种群繁殖地。盘锦湿地有鸟类 280 多种，其中记录到全球受威胁鸟类 7 种，分别是丹顶鹤、黑脸琵鹭、东方白鹳、黑嘴鸥、遗鸥、大杓鹬（图 3.4）、大滨鹬；超过 1% 国际重要意义标准的鸟类有 23 种，分别是丹顶鹤、东方白鹳、黑尾塍鹬、白腰杓鹬、大杓鹬、鹤鹬、红脚鹬、青脚鹬、大滨鹬、红颈滨鹬、蛎鹬、灰斑鸻、环颈鸻、蒙古沙鸻、黑嘴鸥、遗鸥、翘嘴鹬、斑尾塍鹬、黑腹滨鹬、泽鹬、鸥嘴噪鸥、黑脸琵鹭等（资料来源：沿海水鸟同步调查组）。此外，盘锦湿地还是国家一级保护动物——斑海豹（图 3.5）在我国唯一的繁殖地。

图 3.4　在滩涂觅食的大杓鹬（于秀波摄）

图 3.5　国家一级保护动物斑海豹（贾亦飞摄）

2. 湿地保护及面临的威胁

盘锦市政府于 1985 年划建了双台河口自然保护区，于 1988 年 7 月经国务院批准，该保护区被列为国家级自然保护区，并先后加入了“东亚－澳大利西亚候鸟迁徙路线”和“东北亚鹤类网络”，与日本、韩国、澳大利亚、俄罗斯等多个国家和保护组织开展了广泛的合作。2004 年 12 月，被列入《国际重要湿地名录》。2006 年 10 月，又被国家林业局确定为全国性示范保护区。2015 年，更名为辽河口国家级自然保护区。

盘锦水资源缺乏，大面积芦苇田的灌溉用水严重不足，造成湿地面积萎缩、芦苇退化。近年来，盘锦红海滩旅游业的大力发展，使得资源需求量增加，人为干扰过剩，对湿地环境造成较大压力。同时，受到湿地开发的影响，水鸟的生境面积逐渐缩小、片断化乃至消失。经过滩涂围垦，鸻鹬类可利用的觅食地及休息场所减少，甚至出现部分水鸟，如大滨鹬（图 3.6），在高潮期大部分时间飞来飞去寻找可以落脚的地方。另外，黑嘴鸥的繁殖地过于集中（如南小河地区就有超过 3000 对黑嘴鸥繁殖），高密度的繁殖种群难以承受栖息地变化和疾病压力。

图 3.6　迁徙季的大滨鹬（张明摄）

3. 保护与发展的契机

辽宁盘锦辽河口湿地是国家重点实施的湿地修复工程——“退养还滩工程”的重点区域。根据规划，盘锦从 2015~2019 年，通过养殖池清淤平整水利修复工程、碱蓬种植工程和沙蚕放流工程的实施，将辽河口海域8万亩围海养殖滩涂全部收回，种植芦苇和碱蓬草，将8万亩养殖滩涂恢复为原生态滩涂，并将淤积潮沟水道疏通，恢复整治后的滩涂水系，改善辽河、大辽河等河口湿地的生态环境。同时对辖区内小盐田加强治理，取缔苇场湿地内盐田，缩减湿地以外的盐田面积，直至全部取消。同时通过实施“生态移民”机制，引导居民从保护区内有序退出，妥善安置，加强周边区域污染源监控与治理。

目前，这项工作已经启动并在稳步推进，辽河口海域6000余亩滩涂已收回平整1000余亩，共拆除各类建筑房屋23栋55间，共计3500余平方米。拆除破旧育苗室4座，共1300m^{3}水体。二界沟1400余亩湿地已恢复围海滩涂400余亩（资料来源：盘锦市对外宣传办公室）。

（二）河北滦南南堡湿地[①]

河北滦南南堡湿地位于滦南县西南部沿海（图3.7），湿地面积为7098hm^2，由自然潮间带滩涂与人工盐池构成。与曹妃甸湿地和鸟类省级自然保护区湿地、南堡经济开发区湿地相连，统称为曹妃甸南堡湿地，是河北省首批省级重要湿地。南堡湿地位于东亚－澳大利西亚候鸟迁徙路线的中部，因其拥有丰富的滩涂湿地资源，是候鸟南北迁徙的重要停歇地、觅食地、繁殖地，也是大量水鸟的越冬地。

图3.7　南堡湿地地理位置（雷维蟠制图）

① 共同作者：雷维蟠

1. 湿地的特点及重要性

南堡湿地是东亚－澳大利西亚候鸟迁徙路线的重要中停地。潮间带滩涂和盐池为大量的迁徙水鸟提供了觅食地，同时盐池也为水鸟提供了休息地和繁殖地，滩涂和盐池对不同水鸟的作用不同，而且随着季节变化支持的鸟类也发生相应变化，两者共同构成南堡湿地水鸟的完整栖息地。南堡湿地也是大滨鹬（*Calidris tenuirostris*）、红腹滨鹬（*Calidris canutus*）和斑尾塍鹬（*Limosa lapponica*）等鸻鹬类水鸟高度依赖的栖息地，而这些水鸟在迁徙路线上的种群数量呈下降趋势（图 3.8），因此保护其栖息地和停歇地非常关键。北迁季节，该迁徙路线上 80% 的红腹滨鹬在渤海湾停歇。该湿地共调查到世界自然保护联盟（IUCN）受威胁水鸟 3 种，达到国际重要意义标准的水鸟 27 种。2010~2016 年，南堡地区通过脚旗及彩环的观测，共记录到 28 311 次环志的个体，来自 13 个国家和地区的 31 个环志地点。

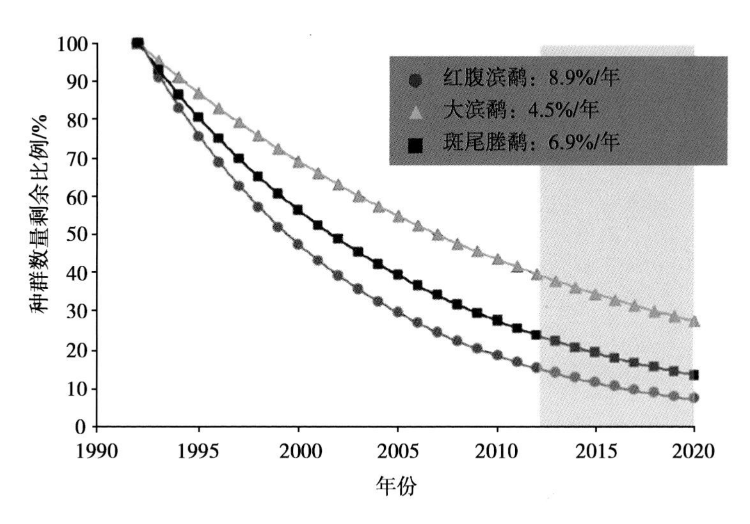

图 3.8　依赖黄渤海湿地生存的几种重要鸻鹬类水鸟的种群变化趋势

图中是根据目前已测得的下降速率，以及在不采取进一步保护措施情况下的预测灭绝趋势，灰色部分为 3 种鸻鹬类鸟类按目前每年 4%~9% 的下降速率预测的种群数量下降趋势

南堡滩涂拥有丰富的底栖动物，如沙蚕、蛤类、螺类等。其中光滑河蓝蛤（*Potamocorbula laevis*）是鸻鹬类最重要的食物资源之一，2008 年的调查显示光滑河蓝蛤占软体动物（8 种双壳类和 9 种螺类）数量的 96%；2008~2014 年春季，密度为 3943~41 113 个 /m^2（平均体长为 1.1~4.8mm），在靠近海堤的软质滩涂中数量最大。人工采集，以及缺乏自然天敌可能是每年春季幼年个体大量出现的原因。而滩涂上其他的贝类如四角蛤蜊（*Mactra veneriformis*）、青蛤（*Cyclina sinensis*）等则是人类食用贝类的重要资源，给当地带来了丰厚的收入（图 3.9）。

图 3.9　滩涂上采蛤的人（雷维蟠摄）

与滩涂毗邻的南堡盐场始建于 1956 年，目前盐场面积为 290km^2。盐场由众多大小不一的盐池构成，依据功能将盐池分为蓄水池、蒸发池和结晶池，每个类型的盐池还分为若干等级。盐场利用潮汐或水泵将海水引入蓄水池，然后逐级提高浓度，最后结晶产盐。盐场是春秋季迁徙期鸟类重要的停歇地（图 3.10），在盐池中记录到的最大水鸟数量分别是 96 000 只（2013 年）和 93 500 只（2014 年）。

图 3.10　南堡盐池中的红脚鹬雏鸟（雷维蟠摄）

2. 湿地保护及面临的威胁

因天津和河北的围垦，渤海湾潮间带滩涂自 1994 年以后面积急剧萎缩，至 2010 年，围垦导致 450km^2 海岸的丧失，包括 218km^2 的潮间带（占 1993 年潮间带面积的 1/3）。而唐山滨海湿地的围垦主要是用于曹妃甸工业区的建设，少量用于嘴东经济开发区建设，截至 2010 年，共有 108km^2 的潮间带遭到围垦。目前南堡湿地仅剩的潮间带滩涂面积约为 60km^2。如此大面积围垦导致围垦区的鸟类聚集到南堡湿地仅剩的滩涂上。全球 56% 的遗鸥从原来的越冬地，即天津海岸移到南堡湿地。而弯嘴滨鹬和红腹滨鹬在南堡湿地的最大数量占迁徙种群的比例从 2007 年的 13% 和 3% 分别上升到 2010 年的 32% 和 23%。到 2013 年，弯嘴滨鹬的比例更是达到了 46%。但从 2013 年开始至 2016 年，南堡湿地弯嘴滨鹬和红腹滨鹬的迁徙种群数量持续下降，2016 年两者的比例分别为 11% 和 14.5%。同时有研究显示渤海湾地区的围垦是造成红腹滨鹬的夏季存活率从 2010 年后持续下降的主要原因。互花米草在南堡滩涂湿地开始蔓延（图 3.11），如果不能得到很好的控制，也将会成为影响水鸟栖息地的主要因素。

图 3.11　互花米草已经在南堡滩涂湿地蔓延（雷维蟠摄）

3. 保护与发展的契机

鉴于南堡湿地的重要性，在 2016 年 10 月于北戴河召开的滨海湿地及水鸟保护国际研讨会（图3.12），时任河北省省长张庆伟表示，要在曹妃甸附近的滦南湿地建立保护区。2016年12月，根据张庆伟的批示及河北省林业厅、唐山市政府的公函显示，滦南县已停止所有吹沙填海造地工程；在河北省林业厅、世界自然基金会（瑞士）、保尔森基金会（美国）、河仁慈善基金会、北京中林国际林业工程咨询有限责任公司及北京师范大学等多方机构的努力下，滦南南堡湿地保护区的筹建工作已全面展开。

图 3.12　北戴河滨海湿地及水鸟保护国际研讨会（贾亦飞摄）

（三）河北唐山菩提岛湿地①

河北乐亭菩提岛诸岛湿地位于唐山市乐亭县，距大清河口最近点仅 900m，是省级海洋自然保护区，于 2002 年 5 月 29 日经河北省人民政府批准建立。该湿地由菩提岛、月岛、腰坨、西坨等海岛和周边滩涂水域组成（图 3.13），总面积为 4281.55hm^2，其中海岛陆域面积为 542.02hm^2，海域面积为 3739.53hm^2。保护对象为由海岛及周边海域自然生态环境、岛陆及海洋生物共同组成的海岛生态系统。其 1km 范围内，有一个面积为 96.7km^2 的盐场。菩提岛及盐场是水鸟良好的觅食场所，有国家一级重点保护鸟类约 10 种、国家二级重点保护鸟类约 40 种，约有 10 种鸻鹬类鸟类会在此繁殖。

① 共同作者：阙品甲

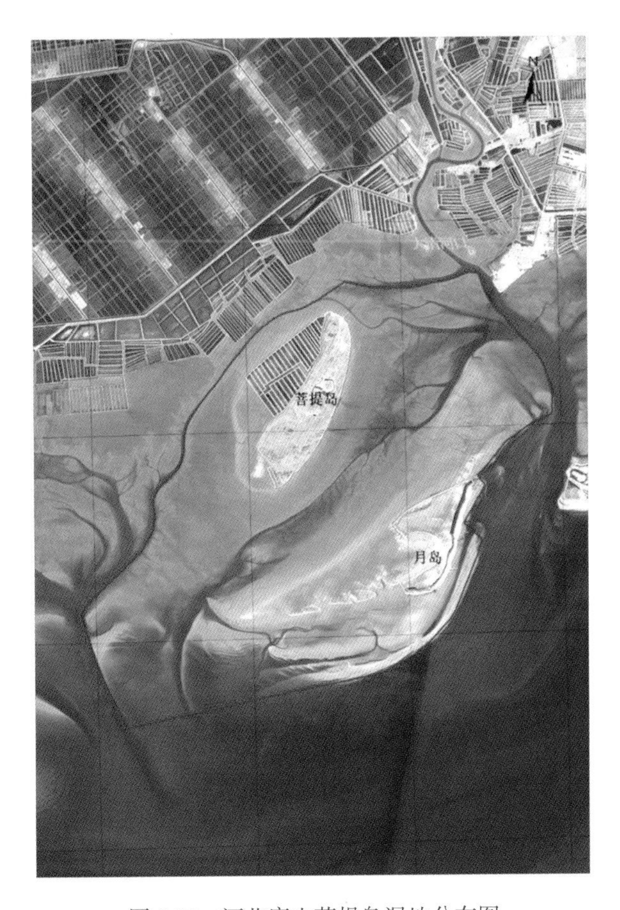

图 3.13 河北唐山菩提岛湿地分布图

1. 湿地的特点及重要性

菩提岛湿地是渤海湾最具代表性的海岛生态系统，海陆兼备，自然生态环境多样，生物多样性丰富。分布于菩提岛和月岛周围的泥质滩涂保存有完好的滨海湿地生态系统，有托氏昌螺（*Umbonium thomasi*）、光滑河蓝蛤（*Potamocorbula laevis*）、红明樱蛤（*Moerella rutila*）、沙蚕（*Nereis succinea*）、长趾股窗蟹（*Scopimera longidactyla*）、日本大眼蟹（*Macrophthalmus japonicus*）等潮间带生物。

菩提岛湿地也是东亚 - 澳大利西亚候鸟迁徙路线上的重要驿站，每年有数以万计的鸟类在此迁徙经停，其中列入联合国《濒危野生动植物种国际贸易公约》的鸟类有 14 种，列入“中日候鸟保护协定”中的鸟类有 176 种，列入《中国濒危动物红皮书》的水鸟共有 21 种。此外，保护区及邻近海域也是江豚（*Neophocaena phocaenoides*）的重要栖息地。因此乐亭菩提岛诸岛省级自然保护区对于保护生物多样性、保护生态系统具有重要价值。此外，菩提岛湿地也是许多水鸟重要的繁殖栖息地（图 3.14）。

图3.14　迁徙停歇在盐场的灰鹤和白头鹤（田志伟提供）

2. 湿地保护及面临的威胁

河北乐亭菩提岛诸岛省级自然保护区自成立以来一直未能进行有效的管理，加之近年来各种土地开发工程的实施及人类活动干扰的日益加剧，对当地的自然环境造成了严重的破坏。保护区长期以来处于“三无”状态，没有专职管理人、没有专属办公地、缺乏专项经费支撑，导致野外巡护、现场保护、档案管理等基本的管护工作没有得到有效的开展，同时保护区本身也存在功能分区不合理、核心区面积过小、实验区面积过大等问题，因此，保护区应有的各项保护功能未能正常发挥。

近年来在岛屿周边开展的围海造地导致作为水鸟重要栖息地的滨海滩涂面积大幅萎缩，迁徙经停的水鸟数量和种类都随之迅速减少；餐厅、寺庙、佛像、高尔夫球场等建筑工程的兴建对岛上原始生境和景观也造成了一定程度的破坏。对自然资源的过度开发利用已导致菩提岛的地下水位出现了明显的下降，生活垃圾和水产养殖排放的废水产生的污染对鸟类及近海底栖动物的生存构成了直接威胁，鸟类食物中毒的事件时有发生，底栖动物数量也明显减少。对游客的管理不善致使人类活动对鸟类造成的干扰日益加剧，游客非法捡拾鸟卵已成为当地繁殖水鸟的主要威胁。因此急需对保护区开展有效的保护和管理措施，加强保护区的能力建设。

目前由于菩提岛填海开发房地产及旅游度假区，生活垃圾乱堆放，生活污水直接排放海中，旅游5月、6月旺季正好是鸟类繁殖期，常常出现游客捡鸟蛋、干扰或伤害鸟类的破坏行为；盐场从2005年开始进行水产养殖，大量使用药物，导致水体污染，破坏了鸟类生境。这些干扰与破坏导致每年来栖息的鸟类数量明显下降。

3. 保护与发展的契机

《湿地保护修复制度方案》和《海岸线保护与利用管理办法》等政策一定程度上将遏制围填海行动，保护菩提岛这一原生态海岛的自然环境。2016年七部门联合展开的“清网行动”，范围覆盖了全国20个省（区），重点关注候鸟迁徙期，这次行动将打击偷猎行为。此外，借助观鸟爱好者和社会团体的传播，通过设立“国际观鸟节”等活动，提高菩提岛的影响力，同时，积极促进对生态旅游的管理。

（四）天津汉沽滩涂湿地[①]

汉沽滩涂湿地位于天津滨海新区汉沽海岸带，南以永定新河入海口为界，北至涧河入海口，海岸线长约55km，面积约为80km^2。通常意义的汉沽滩涂湿地主要包括青坨子村、蛏头沽村、蔡家堡村、海沿子村、大神堂村等原滨海渔村的沿海滩涂；由于修筑海防大堤、围填海等人为因素，现仅保留三段尚存有滩涂的海岸带，即妈祖文化园北—中心渔港南（含航母主题公园）、中心渔港北—北疆电厂南、北疆电厂北—涧河。该区域共记录有湿地植物26科85属142种，绝大多数为草本植物，木本的乔木和灌木植物极少，只有柽柳（*Tamarix chinensis*）、西伯利亚白刺（*Nitraria sibirica*）两种；绝大部分为盐生植物。植物常呈现出典型的“条带状分布”和“斑块状分布”模式。

1. 湿地的特点及重要性

该区域在野生鸟类保护方面具有重要的作用和意义。丰富的滩涂湿地（专栏3.2）及其周边的淡水湿地为水禽提供了必要的栖息地和繁殖地（图3.15）。区内有河流、湖泊、滩涂和沼泽等自然湿地类型，以及盐田、鱼塘、养殖池等人工湿地类型，面积广阔的湿地生态系统成为该区域主要的自然生态背景；尤其是大面积的沿海滩涂和高质量的内湖构成基本环境。滩涂海底沉积物主要为细颗粒的粉砂与淤泥，形成典型的粉砂淤泥质海岸；尤其是河口附近浮游生物和底栖生物多，为鱼虾洄游、索饵、产卵的良好场所，出产多种鱼、虾、蟹、贝，为春秋两季迁徙经过的水鸟提供了丰富的食物和良好的栖息地。除了现仅存的广阔淤泥质滩涂外，还有内

① 共同作者：莫训强

陆更为广阔的咸水、咸淡水和淡水水域作为后备栖息地。这些水域大部分均为盐田，少量为渔业养殖池和河道，广泛分布在海防大堤内部的平原上，成为水鸟极为重要的高潮停歇地。共记录到鸟类 17 目 45 科 191 种，其中水鸟种类为 100 种。在数量方面，每年春秋迁徙季节途经此地并利用此地作为栖息觅食地的水鸟总数在 10 万只以上（图 3.16）。

图 3.15　天津汉沽滩涂湿地区域内水鸟的觅食地和高潮停歇地示意图（莫训强制图）

图 3.16　滩涂栖息的遗鸥和黑尾塍鹬（王建民摄）

同时，汉沽滩涂湿地也是遗鸥重要的越冬地（图 3.17）。全球遗鸥种群数量约为 12 000 只（WPE5，第五次水鸟种群调查，2012），在该区域共发现 11 612 只，约占全球种群总量的 96.8%（2015 年，天津师范大学和北京师范大学联合调查）。除了作为遗鸥重要的越冬地以外，这里也为近危物种白腰杓鹬、雁鸭类典型代表之一翘鼻麻鸭提供了极为重要的越冬栖息地和觅食场所，每年有 4000 只左右白腰杓鹬和近 30 000 只翘鼻麻鸭在湿地越冬。在春季和秋季鸟类迁徙的高峰期，近百万只的鸻鹬类和鸥类经停此地，在淤泥质滩涂上补充体力，其中就包括大量的濒危物种大滨鹬（*Calidris tenuirostris*）和近危物种红腹滨鹬（*Calidris canutus*）。

专栏 3.2　滩涂湿地及潮间带

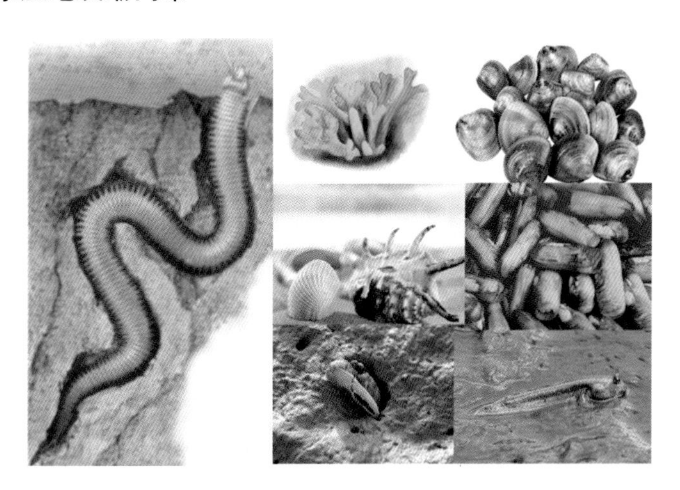

滩涂湿地主要生物组成

滩涂湿地是海岸带的重要组成部分，一般在习惯上分为潮上带、潮间带和潮下带三部分。

潮上带：指平均大潮高潮线以上的淤泥质沉积地带。

潮间带：指平均大潮高潮线与平均低潮线之间，即潮间带之间的泥质、砂质和岩滩等沉积地带。

潮下带：指平均低潮线以下的浅水区泥砂质沉积地带。

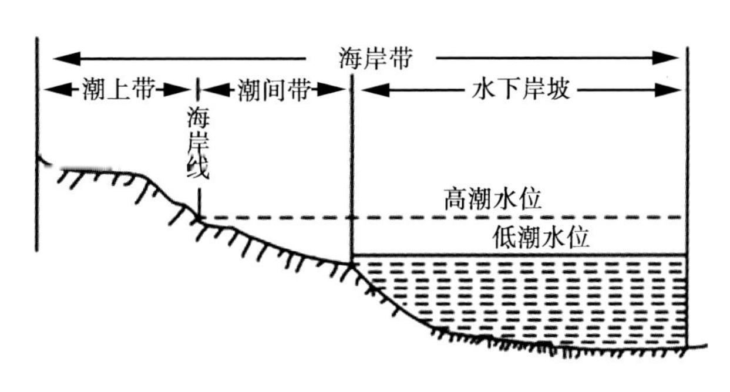

滨海湿地的分布

潮间带是海洋与淡水和陆地环境之间狭长的栖息地，其特点是周期性被潮水淹没、缓坡和淤泥沉积。潮间带是滨海湿地最重要的组成部分，也是地球上生产力最高的栖息地，这里生长着多种底栖生物和游泳类生物，还是近海鱼类主要的产卵场，此外，它们为迁徙的候鸟提供了丰富的食物。对东亚－澳大利西亚迁徙水鸟而言，中国东部海岸线的泥质滩涂是其主要的“加油站”。根据世界自然保护联盟（IUCN）2012 年发布的报告，依存于东南亚、东亚潮间带栖息的 155 种水鸟有 24 个物种受到威胁，这些物种大部分依赖于潮间带，即海水涨潮到最高位和退潮到最低位之间暴露的海岸带，而这也正是填海造地项目最集中的区域。

图 3.17　汉沽滩涂湿地是遗鸥重要的越冬地（摆万奇摄）

2. 湿地保护及面临的威胁

沿海的围填海已经成为不争的事实（图 3.18）。现有在建或已建成的围填海单元包括但不限于：渤海监测中心、国家海洋博物馆、妈祖文化园、航母主题公园、中心渔港、北疆电厂及其附属构筑物、一些围海建成的渔业养殖池。这些围填海单元造成了侵占自然滩涂、蚕食水鸟栖息地的既成事实。根据滨海新区相关规划，妈祖文化园北—中心渔港南（含航母主题公园）、中心渔港北—北疆电厂南两区段的沿海滩涂亦在围填海之列。目前，此地并不属于任何形式的保护地，也没有被列入天津市生态红线或黄线范围。

此外，时有发生的非法盗猎和毒害鸟类、偷捡鸟蛋、私自布设绝户网等也直接或间接地对鸟类栖息、觅食和繁殖造成干扰或伤害。

图 3.18　围填海使得水鸟栖息地逐渐萎缩（于秀波摄）

3. 保护与发展的契机

值得一提的是，中新天津生态城有在青坨子附近建设遗鸥水鸟公园的计划；根据计划，遗鸥公园的四至范围均位于海防大堤西侧，并未包括遗鸥等水鸟赖以生存的淤泥质滩涂。

汉沽滩涂湿地的保护力量，尽管还处于初级阶段，但也采取了较为成熟的“政府 + 民间”的优秀模式。由滨海新区汉沽林业站牵头，天津市滨海新区湿地保护志愿者协会、汉沽爱鸟组织、普通市民等广泛参与的保护力量正在发挥越来越大的作用，在鸟类调查监测、鸟类巡护、宣传普法等方面做了很多具体的工作。

（五）天津北大港湿地[①]

天津北大港湿地自然保护区（简称“北大港湿地”）是天津市最大的湿地类型保护区，面积为 34 887hm^2，其中核心区 11 572hm^2，缓冲区 9196hm^2，实验区 14 119hm^2，包括北大港水库、独流减河下游、钱圈水库、沙井子水库等区段。北大港湿地是天津市典型的芦苇沼泽型湿地（图 3.19），在储蓄水量、涵养水源、保持水土、提供生物栖息地、保护生物多样性尤具是保护鸟类、保持区域生态系统健康和生态平衡方面有着不可替代的作用。2016 年，保尔森基金会支持的一项研究将其确定为中国沿海急需保护的 11 处水鸟栖息地之一。

① 共同作者：莫训强

图 3.19 北大港湿地（马井生摄）

1. 湿地的特点及重要性

北大港湿地具有丰富的生物多样性，也是东亚 – 澳大利西亚候鸟迁徙路线上极为重要的节点。据统计，目前北大港湿地共记录到 21 目 53 科 251 种野生鸟类，野生鸟类总种数、水鸟种数均超过天津市鸟类相应总数的 50%。其中国家一级重点保护动物 8 种（如东方白鹳、丹顶鹤等）（图 3.20）；国家二级重点保护动物 34 种（如游隼、白枕鹤等）；《世界自然保护联盟濒危物种红色名录》（IUCN 红色名录）全球极危物种 2 种（青头潜鸭和白鹤），濒危物种

图 3.20 东方白鹳在北大港湿地繁殖（刘喜同摄）

5 种（如中华秋沙鸭、黑脸琵鹭），易危物种 11 种（如遗鸥、卷羽鹈鹕等），近危物种 9 种（如震旦鸦雀、黑尾塍鹬等）。在数量方面，北大港湿地春季迁徙季节（2~5 月）和秋季迁徙季节（9~12 月）期间，水鸟总数连年保持在 2.5 万 ~4.5 万只，春季和秋季迁徙高峰水鸟数量可达 7.9 万只。

2. 湿地保护及面临的威胁

目前北大港湿地已批准建立省（市）级自然保护区，并划入天津市生态红线范围。在湿地保护方面，创新性地采取了“政府 + 民间”的模式：在政府层面，成立了北大港湿地自然保护区管理中心，建立了联合打击犯罪的联席会议制度，负责组建巡查大队，和滨海新区的公安局、市场监管局、建设和交通局等联合行动，每年于重要候鸟迁徙季节，从野外一直到市场，进行巡查、宣传、普法、执法，打断贩卖毒害、滥捕滥猎野生动物的利益链条；在民间层面，以天津市野生动物保护协会、天津市滨海新区湿地保护志愿者协会等协会为代表，由广大观鸟、爱鸟、护鸟志愿者、媒体记者、普通市民等组成的护鸟团队长年在湿地开展观鸟科普、环境教育、普法宣传等活动，极大地扩展了政府层面的保护工作，做到了优势互补、有机结合。

目前主要的威胁因子包括：由渔业经营、湿地取土、道路建设、管廊敷设等对湿地和鸟类栖息环境造成的直接或者间接的干扰和破坏（图 3.21）；由旅游观赏、野营垂钓等人为活动对野生动物造成的直接或者间接的干扰。未来应该加强对生境的保育、加强对人类行为的管理。

图 3.21　东方白鹳越冬种群在北大港湿地（莫训强摄）

3. 保护与发展的契机

2016年初，中华人民共和国国际湿地公约履约办公室、滨海新区人民政府、保尔森基金会三方签订战略合作协议，保尔森基金会将协助引入国际上建设国家公园的先进理念和经验。至2016年底，北大港湿地已被国家林业局批复为国家公园试点，目前正在做国家公园总体规划方案，初稿已经过第一轮审议，进入修改完善阶段。天津市滨海新区确定把北大港国家公园纳入京津冀协同发展国家战略，打造京津冀知名生态名片，建成国家级自然保护示范基地、国际观鸟基地。

（六）河北沧州滩涂湿地

沧州滩涂湿地位于渤海湾西南部，北临天津市，南接山东省无棣县，涉及海兴县、黄骅市、黄骅港管理区和南大港管理区等4个县级行政区域范围（图3.22），主要湿地类型为河口湿地及泥质滩涂等（图3.23），湿地面积约为13.35万hm^2，海岸线长130km。其中，有2个省（市）级保护区，即海兴湿地和鸟类自然保护区，面积为16 800hm^2；南大港湿地保护区面积为13 380hm^2。

图3.22　沧州滩涂湿地水鸟调查区分布图

图 3.23　滩涂湿地（莫训强摄）

1. 湿地的特点及重要性

沧州滨海湿地是东亚 – 澳大利西亚候鸟迁徙路线上的重要停歇地和能量补给站，在中国东部鸟类保护大局中有重要地位，也是执行国际候鸟保护协定的关键地区。该区域鸟类资源丰富。根据沿海水鸟调查数据显示，在这里停歇和越冬的鸟类数量年均为 15 万只左右，并记录到全球受威胁水鸟 9 种，分别是白鹤、东方白鹳、黑脸琵鹭（图 3.24）、白枕鹤、黑嘴鸥、遗

图 3.24　滩涂湿地上的黑脸琵鹭（贾亦飞摄）

鸥、卷羽鹈鹕、鸿雁和花脸鸭。其中单次调查数量达到或超过 1% 国际重要意义标准的物种有 21 种，分别是豆雁、灰雁、赤麻鸭、翘鼻麻鸭、白秋沙鸭、灰鹤、白枕鹤、蛎鹬、白腰杓鹬、黑尾塍鹬、斑尾塍鹬、鹤鹬、泽鹬、黑翅长脚鹬（图 3.25）、反嘴鹬、环颈鸻、灰斑鸻、遗鸥、凤头䴙䴘、东方白鹳、卷羽鹈鹕。

图 3.25　在沧州滩涂湿地越冬的黑翅长脚鹬（于秀波摄）

2. 湿地保护及面临的威胁

大规模的经济建设，导致湿地萎缩和片断化。随着沧州渤海新区和黄骅港的大规模开发建设，围绕港区、服务港区的企业及配套设施不断增加，浅海石油开采活动、工厂建设和道路建筑增加，连片的湿地逐渐萎缩，被分割而呈现片断化，适宜水鸟，尤其是大型水鸟停歇的生境越来越少。黄骅港供水工程，使得海兴县杨埕水库的 3/5 变为深水水库，而这一区域曾是鹤鹳类适宜的栖息地。

湿地的围垦活动加剧，自然生态遭破坏。特别是大面积的原始滩涂、沼泽湿地和原始盐碱地被改造为盐田和养殖池。同时，围海造地、采油及养殖强度的增大，造成鸻鹬类、鹤类等涉禽的停歇地萎缩。

人类活动干扰加剧。油井作业、原盐生产和渔业捕捞，以及采挖贝类和沙蚕等人为活动的干扰加剧，繁殖季节捡拾鸟卵的现象也时有发生。

风电场建设影响鸟类迁徙安全。2006 年和 2007 年，相继兴建了海兴风力发电厂和黄骅风力发电厂，地貌环境的改变和旋转的风车都影响到水鸟的活动。

3. 保护与发展的契机

大港油田采油二厂部分开发区域位于南大港湿地自然保护区内，占地 133.8km^2，涉及 7 个开发单元、高尘头油田及张巨河油田部分区块。2017 年 6 月，大港油田采油二厂编制完成了《自然保护区内油气水井退出方案》，将油水井逐步退出南大港湿地保护区，这是保护湿地生态环境与鸟类的重要举措。

此外，尽管该区域有 2 个省（市）级保护区，然而，该区域保护、管理、开发与利用涉及的部门和机构较多，至今尚未形成良好的协调机制。同时，地处经济相对落后的省份，保护管理缺乏相应资金来源，保护力度亟待提高。因此，为了保护鸟类，践行国际双边和多边候鸟保护协定的承诺，为迁徙鸻鹬类提供安全的觅食和停栖生境，该湿地急需得到更多的关注，并尽快采取有效的保护措施。

（七）江苏连云港临洪口–青口河口湿地[①]

连云港位于江苏省东北部，北接山东，东临黄海，以平原为主，兼有丘陵、山地、湖泊、滩涂等。市内河网稠密，有大小干支河道 53 条，其中 17 条为直接入海河流。有标准海岸线 162km，9 个岛屿，其中东西连岛为江苏第一大岛，面积为 7.57km^2，拥有典型的基岩海岸湿地。

临洪口和青口河口位于连云港市北段的赣榆区，一个是新沭河的入海口，另一个是青口河的入海口（图 3.26）。两河口相距 5km，在 30km 的纵向范围内还有兴庄河河口、龙王河

图 3.26　临洪口、青口河口位置（韩永祥制图）

① 共同作者：韩永祥

河口、韩口河河口、木套河河口、柘汪河河口、绣针河河口等滩涂湿地。生物多样性非常丰富，是东亚－澳大利西亚候鸟迁徙路线上鸻鹬类水鸟的重要觅食地，以及部分鸻鹬类和鸭类的越冬场所。

1. 湿地的特点及重要性

每到迁徙季节，数以万计的水鸟路过并停歇于这里，补充体能以继续迁徙。其中鸻鹬类是春秋季迁徙鸟群的主要组成部分，种类和数量在迁徙季节相对较高，却并不稳定，而冬季种类和数量相对稳定。白腰杓鹬、黑腹滨鹬、灰鸻、蛎鹬及反嘴鹬在每年冬季都有稳定的越冬种群（图 3.27）。其中蛎鹬 2000 多只，数量占整个东亚种群数量的 1/4。反嘴鹬 7000~8000 只，白腰杓鹬 4000~5000 只，数量超过该鸟类种群（迁徙路线或者地区）数量的 1%，达到了国际重要湿地的标准。春秋迁徙季节路过的鸟类批次多、停留的周期比较短。往往同一片滩涂，在短周期鸟类可能出现数十种密集觅食，或者单一种占领滩涂，或者数量稀少的各种情况，其中记录到 9 种被“IUCN 红色名录”列为国际受威胁物种的水鸟，8 种数量超过该鸟类种群（迁徙路线或者地区）数量 1% 的水鸟。此外，还有遗鸥、黑嘴鸥、东方白鹳、黑脸琵鹭、卷羽鹈鹕等其他重要水鸟。

图 3.27　高潮时起飞的鸻鹬群（韩永祥摄）

作为东亚－澳大利西亚鸟类迁徙路线上重要的鸟类迁徙补给站、栖息地，连云港湿地却在沿海新城建设的开发大潮中不断退缩和消减。连云港像一只展翼的飞鸟，中间是礁石海岸，两翼为沙和泥质滩涂，有多个内河入海口，滩涂漫长而富有物产，河道及两岸湿地皆为鸟类提供着生存所需。在近几年新的港口建设与新土地的围垦中，曾经对于迁徙水鸟同样重要的位于南翼的埒子口，埒子口—排淡河口沿线已经被抛填为港区。本来浅浅的沙滩夹杂着防浪的人工石堆生境，吸引着一定数量的黄嘴白鹭在此觅食。冬季潮间带的紫菜养殖区，吸引了上万只野鸭在此越冬，其中有数量众多的罗纹鸭（5000只）与花脸鸭（300只）。随着港口的建成使用，鸟况早已成为往事。南翼已折，而存留于北翼的临洪口与青口河口对于连云港，对于黄渤海滩涂群，则显得更为重要。

2. 湿地保护及面临的威胁

近年来，连云港大规模建设，临洪口湿地在河道的治理，以及沿海公路、滨海新区等项目的建设影响下，生境已发生巨大变化。河道两岸的芦苇地、潮沟、鱼塘等变更为公路、工地、吹填区等，部分滩涂也已经遭遇围堰。埒子口的新港区建设已经初具雏形，调查路线的一半滩涂被围堰、吹填。环境的剧烈变化，导致水鸟种类和数量的明显减少。目前情况不容乐观，该湿地急需得到更多的关注，并尽快采取有效的保护措施。

除了围垦，还存在盗猎者的猎捕，越冬与过境的雁鸭是他们的主要猎捕对象，捕猎活动遍及近海的自然河道、人工养殖塘，收益高且捕猎成本低廉，导致捕猎活动非常猖獗。

此外，近年来入侵物种互花米草失去控制，已占据大半个临洪河口，青口河口也在近一年内失去1/5（图3.28）。草进鸟退，最初为了促淤滩涂以利围垦而引入的互花米草，使得滩涂硬化，底栖生物减少，生物多样性降低，也占据了鸟类高潮时的栖息地。

图3.28　赣榆区青口河口的互花米草（韩永祥摄）

3. 保护与发展的契机

连云港市目前正在实施6项滩涂围垦工程，包括灌云县埒子口垦区工程，拟筑海堤79.4km。而这些区域很多是鸟类的重要栖息地。随着《湿地保护修复制度方案》《海岸线保护与利用管理办法》的实施，将重新审视这些滩涂围垦工程。同时，该区域约1万 hm^2 的湿地并未纳入任何保护区，目前，临洪口将筹建省级湿地公园，在一定程度上将填补当前的保护空白。

（八）江苏东台–如东湿地①

江苏省的东台 – 如东地区位于黄海南部的西岸。在东亚 – 澳大利西亚候鸟迁徙路线中，它大致位于南方的鸟类越冬地与北方的繁殖地间的中点，在鸟类南来北往的长距离迁徙过程中是一个极其重要甚至是无法取代的停歇地。该地区地貌较平，在古黄河和长江的共同作用下，拥有了广袤的潮间带滩涂。古长江口即位于如东县。海域的潮汐为正规半日潮，即每昼夜有两峰两谷。其中以东台条子泥为顶点，呈辐射状展开的南黄海辐射沙脊群更是世界罕有。

1. 湿地的特点及重要性

该地区生物多样性非常丰富。出产的多种海鲜中比较著名的有文蛤、沙蚕等。当地沿海有相当部分的居民常年以海产养殖及捕捞为生。像他们一样，滩涂上常年生活着数千至数万只鸻鹬类水鸟（图3.29），以丰富的底栖生物等为食，完成它们壮观的一年一度的长距离迁徙。它们当中比较重要的有勺嘴鹬（极度濒危）、小青脚鹬（濒危）等。尤其是每年秋季，当勺嘴鹬（专栏3.3）和小青脚鹬聚集于此进行飞羽及尾羽的更替时，单日可以观察到可能是世界上最大数量的集群。由此，鸟类学家第一次可以比较准确地估计勺嘴鹬的实际种群数量。而小青脚鹬的计数数量则超过了以往的种群数量估计。该地还经常性地栖息着数千至上万只大滨鹬、黑尾塍鹬、斑尾塍鹬、蛎鹬等。其中澳大利亚卫星跟踪到大滨鹬、斑尾塍鹬、小杓鹬、灰斑鸻等经常在此处落脚，蛎鹬数量则占东亚种群数量的近一半。除了鸻鹬类，还有上千只黑嘴鸥、东亚几乎全部种群的卷羽鹈鹕等其他种类水鸟依赖此滩涂生存。

除了滩涂，库塘及周边农林用地及渔业用地也栖息着各种候鸟，如迁徙经过此地的青头潜鸭（极度濒危）、黑脸琵鹭（濒危）等。韩国及中国台湾等地卫星跟踪到黑脸琵鹭多次造访。在黑脸琵鹭的各个迁徙停歇地点中，单日最大数量纪录出现于东台条子泥。

① 共同作者：章麟

图 3.29　如东滩涂上停歇的鸻鹬（贾亦飞摄）

专栏 3.3　滨海湿地的可爱精灵——勺嘴鹬

多样化的生境，以及如勺嘴鹬这样的明星物种吸引了大量的观鸟爱好者及鸟类保育学家造访此地。在短短几年之内，东台 - 如东地区有记录的候鸟就已达 380 余种，其中不乏中华凤头燕鸥（极度濒危）这样的江苏省新记录鸟种。

勺嘴鹬（*Eurynorhynchus pygmeus*）为鸻形目鹬科勺嘴鹬属鸟类，又名琵嘴鹬或匙嘴鹬。虹膜暗褐色。嘴黑色，基部宽厚而平扁，尖端扩大成铲状。脚黑色。是一种小型的涉禽，仅在极少数的冻土层地带上繁殖，越冬地分布于中国南方、东南亚及南亚。

勺嘴鹬每年沿东亚 – 澳大利西亚候鸟迁徙路线迁徙两次，从俄罗斯的繁殖地到东南亚的越冬地，迁徙时途经日本、朝鲜半岛及中国沿海地区，飞行距离超过 8000km。每年春季（4~5 月）和秋季（9~10 月），它们都会在我国沿海湿地停留，补充食物和能量，江苏和福建沿海是勺嘴鹬最重要的停歇地。

在过去 40 多年间，勺嘴鹬的数量呈显著下降趋势。据 2015 年估计其种群数量为 360~600 只（Bird Life International 2015）。“IUCN 红色名录”中，将勺嘴鹬的保护现状由易危（vulnerable）提升到极危（critically endangered）。它和其他水鸟一样面临栖息地丧失的威胁，科学家预计如不采取有效保育措施，10~15 年后会野外灭绝。

鉴于勺嘴鹬岌岌可危的处境，国内观鸟爱好者成立了“勺嘴鹬在中国”组织，在国内开展一系列调查和宣传活动，以保护勺嘴鹬及其赖以生存的湿地滩涂。据专家联合调查记录显示，迁徙高峰时在东台－如东当地发现勺嘴鹬225只（2014年），约占全球总数的一半。而研究显示，过去 30 年里，由于栖息地破坏等因素，勺嘴鹬数量下降了 90%。由于勺嘴鹬位于韩国的重要停歇地，已被“新万金海堤”接近 60 万亩的大型填海计划所破坏，导致滩涂湿地变成工业区，东台－如东的潮间带滩涂已成为该物种生存的最后希望。更坏的消息是，其在如东的生存环境也面临围垦占用、外来物种入侵、化工污染等诸多威胁。

（资料来源：勺嘴鹬在中国，章麟；勺嘴鹬照片拍摄者：林广旋）

2. 湿地保护及面临的威胁

该地区鸟类及其他类群生物的科学研究很不深入。对它们最大的威胁是对潮间带的围垦在如火如荼地进行。东台条子泥的一部分曾经属于盐城国家级珍禽保护区的管辖范围，由于围垦建设需要，在简单而仓促的环评之后就划出了保护区，开始了围填海。根据《江苏沿海滩涂围垦及开发利用规划》，2010~2020 年江苏省东台将匡围滩涂 100 万亩，主要分布在条子泥、高泥、东沙（图 3.30）。首期工程匡围 40 万亩（2.7 万 hm^2）条子泥。一期工程已经完成。现代的围垦工程进度极快，一两年的时间内即可完成一块长度超过 10km、宽度为 2~3km 的滩涂圈围。这样的速度远远大于滩涂自然淤涨的速度，因此潮间带滩涂面积急剧萎缩，造成了勺嘴鹬等鸟类的关键栖息地的丧失。随着黄河改为由山东入海、长江口向南移动，以及上游堤坝的建设，这两条大河对该地区的泥沙贡献量已大不如前，滩涂已不再自然淤涨。若围垦仍如目前的进度持续进行下去，则在未来 5~10 年，这样世界罕有的潮间带湿地系统将彻底消失，包括迁徙鸟类在内的自然奇观也将不复存在。

除了围垦这一最主要威胁，近年来入侵物种互花米草失去控制，在滩涂上肆意蔓延，侵占了鸟类觅食休憩的场所。其导致的结果就是海产品产值下降，生物多样性降低。在如东丰利镇的滩涂上，有些承包滩涂养殖文蛤等贝类的承包户，意识到如果互花米草彻底入侵，则再无空间养殖文蛤，于是自掏腰包花费大量人力、物力对互花米草进行割除。其治理效果有待观察。而最初为了促淤滩涂以利围垦而引入的互花米草，在多个地区仍未被认为是有害的，而是继续

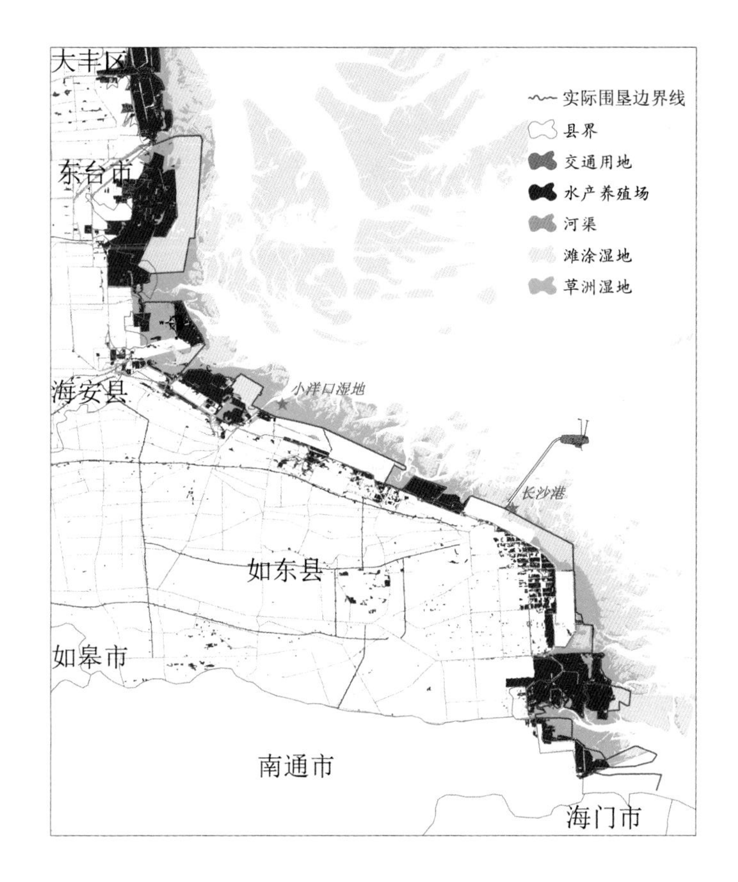

图 3.30　江苏东台湿地分布区和围垦情况（刘宇制图）

在人工种植。如东小洋口渔港外侧数千米已被互花米草彻底覆盖，这被称为“黄海大草原”的噩梦却作为小洋口旅游区的卖点被用来招徕游客。东台条子泥围垦区南侧滩涂在 2014 年有人种植互花米草后，现在互花米草已覆盖整个河口。

在围垦区以内，各地发展规划也不统一，存在重复建设甚至矛盾建设。东台条子泥和如东洋口均规划有大型港口，而其南北沿海各处已经存在多个同样规模的港口。如东东凌北面已有大洋口港，而南面建设中的通州港的最东侧海堤已经抵达了腰沙的最东面。在如东沿海滩涂上建起了靠风力发电的风车（图 3.31），风车的运行严重干扰了水鸟在此地滩涂上停歇。如东小洋口的洋口闸西侧为江苏洋通开发投资有限公司的娱乐产业用地，建有林克斯高尔夫、林克斯温泉度假酒店等高端娱乐设施。略往西还有金蛤岛温泉度假村等多个度假酒店及南通未成年人实践教育基地。在洋口闸东侧沿路数千米的建筑群主要为宾馆及饭店。紧挨这些建筑的东侧，则为数千米长及数千米宽的化工园区。当化工园区排放废气时，整个娱乐区刺鼻怪味弥漫，而化工园区内部则常大雾弥漫宛若“仙境”。至于化工园区是否向滩涂排放废弃物，以及这些废弃物对滩涂及海水的影响程度未见研究报道，但此地多家饭店业主反映到小洋口国家级渔港及旅游度假区来品尝海鲜的游客量已大不如前。该化工园区建成后，鸟类的适宜栖息地几乎丧失，而滩涂外侧又由于互花米草侵占，作为勺嘴鹬重要停歇地的小洋口面临严峻威胁，水鸟数量急剧下降。目前观鸟爱好者已几乎全部转移至东台条子泥进行观鸟活动。

图 3.31　正在运行的风电场与成群迁徙的候鸟（贾亦飞摄）

丰富的鸟类资源，不仅吸引了观鸟爱好者，也吸引了鸟类盗猎者。盗猎者使用的各种捕猎方法中，最常见的是投毒（图 3.32）。此方法不加区分地毒杀各种鸟类，也会毒死其他一些生物如蟹、虾类等。在如东东凌、如东小洋口和东台条子泥 3 个主要的鸻鹬类分布区，勺嘴鹬等极危鸟类的尸体已多次被发现混于成百上千只其他鸟类尸体中。另一常见的捕猎方法为诱饵及翻网，主要用来捕猎鸭类等水禽。

图 3.32　在如东发现的被毒杀的鸟（章麟摄）

3. 保护与发展的契机

尽管有如此大的生物量及如此多的濒危物种，保护的力度却非常小。如东小洋口在多年前就已经宣称建立了勺嘴鹬和黑嘴鸥的保护小区，但几乎没有任何保护进展。在小洋口的范围内，现在已经几乎见不到勺嘴鹬了。黑嘴鸥最南的繁殖种群已放弃在此地繁殖多年。目前，江苏省正在筹建如东省级自然保护区，国家海洋局则正在筹建国家级海洋保护区。借此机遇，希望对已经围垦和暂未围垦的潮间带滩涂进行恢复。东台条子泥向东的高泥等辐射沙脊群的围垦计划已经暂停了，而条子泥已围垦的部分区域内刚刚树立了标识牌，要建设湿地公园。湿地公园在一定程度上将弥补该地被划出盐城保护区后几乎完全停滞的保护工作。

（九）广东湛江雷州湾湿地①

雷州湾位于中国最南端的雷州半岛东侧，海湾伸入内陆，由东海岛、硇洲岛与雷州市、徐闻县包围，因临雷州半岛而得名（图 3.33）。湾口宽超过 50km，面积为 1690km^2。整个雷州湾由低潮时水深超过 6m 的潮下海域、低潮时水深不足 6m 的潮下海域和潮间带（包括红树林）、沿岸海水养殖区域组成。在沿岸 160 多千米长的海岸线上，退潮时露出最宽达 4km、平均宽约 2km、总面积达 353km^2 的滩涂。雷州湾属不规则半日潮，每一个太阳日有两次高潮出现，潮差较大；由于湾内风浪小，滩涂广阔、平缓，滩涂上茂盛的红树林带是其天然保护屏

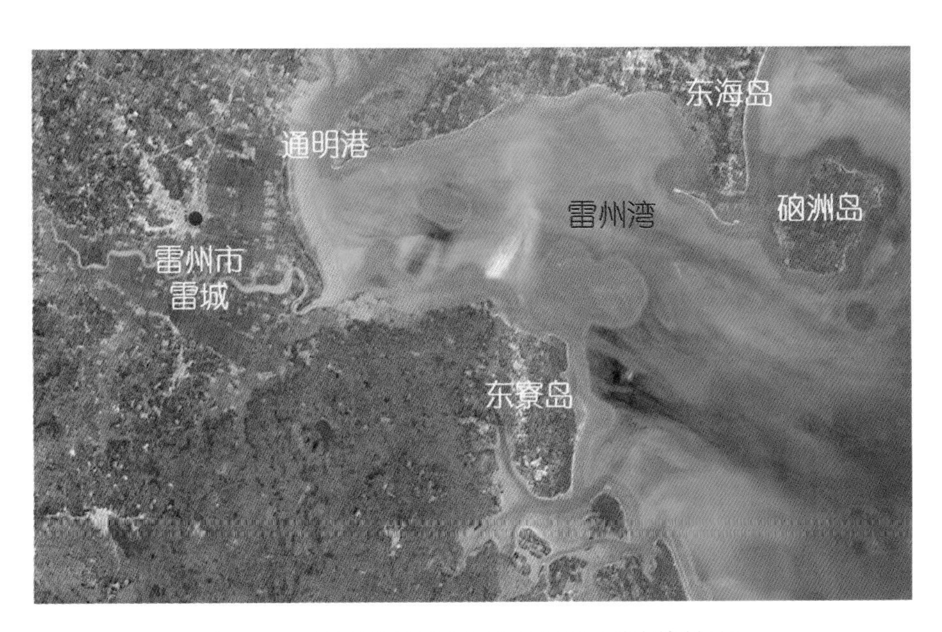

图 3.33　广东湛江雷州湾湿地位置图（林广旋制图）

① 共同作者：林广旋

障，沿岸广阔的海水养殖场为重要的“饲料场”，食物丰富，其独特的海岸生境为鸟类栖息、觅食、越冬提供了良好的天然场所。作为候鸟从西伯利亚至澳大利亚南北迁徙的“停歇地”和“加油站”，每年的秋末至次年初春，大批的候鸟迁徙经过此地停栖、觅食，补充能量后继续南飞，或留在这里越冬。

1. 湿地的特点及重要性

雷州湾滨海湿地作为候鸟的重要越冬地，以及西伯利亚—澳大利亚迁徙通道上的重要驿站，其良好的生态环境是候鸟能够安全迁徙的保障。该湿地主要特点有：华南沿海少有的连片大面积天然海滩涂，面积达 353km^2；西伯利亚—澳大利亚候鸟迁徙通道上大陆沿海最后的能量补给站；风浪小，滩涂广阔、平缓，有茂盛的红树林带作为天然保护屏障，有广阔的海水养殖场为候鸟提供食物，是候鸟理想的栖息地（专栏 3.4）。

专栏 3.4　滨海湿地类型——红树林

红树林是生长在热带、亚热带海岸潮间带，受周期性潮水浸淹，由以红树植物为主体的常绿乔木或灌木组成的湿地木本植物群落（图 3.34）。红树林为适应海岸带潮间带的环境，形成了独特的形态结构和生理生态特性，具有防风消浪、保护堤岸、促淤造陆、净化环境、改善生态状况等多种功能，还是水鸟的重要栖息地，也是鱼、虾、蟹和贝类生长繁殖的场所。

红树林湿地是国际重要湿地分类系统的湿地类型之一，目前已经成为国际湿地生态保护和生物多样性保护的重要对象。然而，红树林湿地同时也是全球最受威胁的湿地类型之一。20 世纪 50 年代以来，全球 35% 的红树林已经消失，而中国近 50% 的红树林也已消失。据第二次全国湿地资源调查结果显示，中国红树林湿地分布范围北起浙江温州乐清湾，西至广西中越边境的北仑河口，南至海南三亚，海岸线长达 14 000 km，现有红树林面积为 34 472.14hm^2，行政区划涉及浙江、福建、广东、广西和海南的 50 余个县级单位（国家林业局，2015）。

近年来，湛江红树林国家级自然保护区、湛江爱鸟协会和来自全国各地的观鸟爱好者在雷州湾湿地开展水鸟调查、监测。调查和日常监测结果显示，该湿地每年平均有近 70 种 95 000 多只水鸟停栖、越冬，以鸻鹬类、鸥类、鹭类和雁鸭类为主，其中包括珍稀的勺嘴鹬、黑脸琵鹭

图 3.34　红树林湿地景观（林广旋摄）

（图 3.35）、中华凤头燕鸥、遗鸥、黑嘴鸥、大滨鹬（图 3.36）等。2016 年 1 月，全球勺嘴鹬冬季同步调查结果显示，在雷州湾湿地记录到 43 只勺嘴鹬，是中国记录到越冬数量最大的种群；2017 年 1 月，湛江市爱鸟协会成员与国内资深鸟友在该区域首次记录到中华凤头燕鸥、遗鸥、小鸥。

图 3.35　黑脸琵鹭的重要越冬地（林广旋摄）

图 3.36 在此越冬的大滨鹬（林广旋摄）

保护好雷州湾湿地，对保障西伯利亚—澳大利亚迁徙通道上的候鸟顺利迁徙和保护珍稀濒危候鸟如勺嘴鹬、黑脸琵鹭、中华凤头燕鸥等具有重要意义。

2. 湿地保护及面临的威胁

目前，雷州湾湿地部分区域被划入湛江市雷州湾中华白海豚自然保护区，面积为20.58km^2；沿岸的东海岛、麻章区、雷州市、徐闻县沿海滩涂红树林区域被划入湛江红树林国家级自然保护区管理，面积约为 78.61km^2，2002 年 1 月该保护区被列入《湿地公约》国际重要湿地名录；没有划入保护区的红树林及宜林滩涂由其他相关部门（林业局等）管理；其他区域为海水养殖区域等，由湛江市海洋与渔业局管理。

近年来（2010~2017 年），雷州湾沿岸不断涌现的工厂、大型基础设施建设、城乡垃圾污染、过度的近海捕捞、外来物种入侵等，给雷州湾滨海湿地生态环境带来了很大的影响。一是大型建设项目，包括东海岛钢铁厂、中科炼化厂、跨海铁路和跨海公路、湖光光伏电厂、雷高风电场、雷州附城海堤等，这些项目在其施工期和运营期，已给或将会给该区域湿地生态带来冲击；二是过度的近海捕捞（图 3.37），造成海洋渔业资源逐渐枯竭，生态环境遭到严重破坏；三是近岸城乡垃圾无序堆放，一些地方把垃圾直接在海滩涂上堆放、填埋，给海岸生境带来破坏；四是外来入侵植物如互花米草、无瓣海桑等在中高潮带和河口不断蔓延、扩散，覆盖滩涂，减少水鸟活动范围。

图 3.37　湿地附近受到近海捕捞的影响（林广旋摄）

3. 湿地保护与发展的契机

开展自然教育和社区宣传活动：在香港观鸟会、阿拉善基金会等环保组织的支助下，湛江爱鸟协会联合湛江市环境保护局、林业局和湛江红树林国家级自然保护区等开展了湿地保护、候鸟保护公益宣传活动；联合湛江市教育局开展自然教育进学校活动。开展候鸟保护专项行动：在湛江爱鸟协会的推动下，湛江市连续 3 年开展了秋冬季保护候鸟的“双百日”行动，保护候鸟之风在湛江大地生根发芽，深入民心，雷州半岛由候鸟“地狱”成为候鸟“天堂”。开展鸟类资源监测调查：湛江爱鸟协会和红树林保护区对雷州湾湿地鸟类进行定期监测，以及对黑脸琵鹭、勺嘴鹬等进行专项调查；联合各地爱鸟人士开展观鸟活动等。

（十）海南文昌会文湿地[①]

会文湿地位于海南岛东北海岸，指文昌市从八门湾到冯家湾一带的滨海湿地，其长度约为 15km，宽度为 1~4km；面积约为 45km^2；其中以会文镇附近的海岸带最为典型。会文湿地属于混合型热带滨海湿地，湿地类型非常多样，根据第二次全国湿地资源调查的划分标准，涵盖了近海和海岸湿地中的大部分类型，包括浅海水域、河口水域、沙石海滩、潮下带海草床、珊瑚礁、淤泥海滩、红树林和水产养殖场。其中最具特色的是发育良好，并且呈带状套叠分布的红树林、海草床和珊瑚礁。红树林、海草床和珊瑚礁为热带海岸 3 个有代表性的湿地类型，它们在一个地方同时呈现，这在我国并不多见。

① 共同作者：卢刚

会文镇一带发达的海水养殖业是湿地面临的主要威胁，养殖取水的水槽破坏滩涂（图 3.38）和海草床；养殖废水造成湿地富营养化，使得红树林、海草床和珊瑚礁生态系统退化。目前，会文湿地没有专门的管理机构，其中的红树林归海南清澜红树林省级自然保护区管理。

图 3.38　会文湿地的养殖塘、红树林和滩涂开挖的取水沟

图片来源：Google Earth

1. 湿地的特点及重要性

会文湿地生境多样，涵盖了我国近海和海岸湿地中的大部分类型（图 3.39）。因为生境的多样性而具有极高的生物多样性。

图 3.39　会文湿地景观（卢刚摄）

湿地生境具有代表性。会文湿地被形容为“教科书式的热带海岸”，因为那里包含了热带滨海的主要生态系统类型：珊瑚礁、海草床、泥质海滩、红树林及沙生林带。各种湿地类型呈

带状套叠，依次向深海延伸，构成绵延十多千米完整的复合型热带滨海湿地生态系统，是中国原始红树植物最丰富的地区。湿地部分区域属于海南清澜红树林省级自然保护区，该保护区内保存有海南省最多的红树物种多样性及最原始的红树林，内有 35 个红树林物种（大约占中国所有红树林物种的 90%），跨 16 科 22 属，具有高度发达的岸基珊瑚礁盘。会文湿地的珊瑚礁盘长度约为 10km，最大宽度达 3km，有可能是中国近海发育得最好的珊瑚礁盘。礁盘外缘的活体珊瑚还在不断向外生长，是海南岛海草床的主要分布区（图 3.40，专栏 3.5）。目前记录到 8 种海草植物，也是海南岛海草植物种类丰富的地区，对于我国海草床的保护有重要意义，对于儒艮等依赖海草床生活的物种也至关重要。

同时会文湿地还拥有丰富的鸟类资源，是“中日候鸟保护协定”上所辑录的物种的 20%，“中澳候鸟保护协定”上所辑录的物种的 30% 可以在该保护区内观测到。根据《海南越冬水鸟调查（2003—2016）》资料显示，会文湿地是海南岛东海岸越冬水鸟种类和数量最多的地方。近年来观察到小青脚鹬、大滨鹬、大杓鹬、长嘴鹬等濒危鸟类。其中大滨鹬越冬种群相当稳定，每年都能观测到 20~30 只。

图 3.40　会文海草床景观（卢刚摄）

专栏 3.5　滨海湿地类型——海草床

大面积分布的连片海草称为海草床。海草床是热带和温带重要的海洋生态系统，是濒危的儒艮和海龟等海洋动物的栖息地、生存场所和食物来源地。海草床也具有很高的生产力，在 Costanza 等（1997）对全球 16 种生态系统服务价值进行的评估中海草床位列第三，可见其生态价值的重要性。20 世纪以来，世界各地海草床面积均出现了大量减少的现象。2003 年出版的《世界海草地图集》显示，1993~2003 年，全世界已经有约 26 000km^2 的海草床消失，损失率达到 15%（UNEP，2003）。

海草床的分布和生长状况受到光照、水温、盐度、底质等各种环境条件的限制。目前，世界各海域的海草共有 12 属，中国具有最多的种属，共 9 属。海南省由于所处纬度较高，并以其特有的气候、地形等特点分布了 7 属 11 种海草，分别是海神草、齿叶海草、羽叶二药藻、二药藻、针叶藻、海菖蒲、泰来藻、贝克喜盐草、小喜盐草、喜盐草、川蔓藻。主要种类有泰来藻、海神草、海菖蒲等。

2. 湿地保护及面临的威胁

湿地资源是当地主要的生计依托。得益于良好的滨海湿地资源，海水养殖是会文镇的主要经济支柱之一。高度发达的海水养殖业同时也成为会文湿地的主要威胁。

文昌市会文镇是海南省海水养殖业最发达的地区之一，特别是鱼虾种苗的繁育已经成为当地的支柱产业。这使得它不得不面对当地社区密集人类活动所造成的压力。水产养殖污染、过度捕捞及人口增长的压力导致该区域生态系统脆弱不堪。

密集的海水养殖业需要大量的新鲜海水进行水体交换，因此在生长有海草的珊瑚礁盘上开挖众多水槽抽取海水，直接破坏了海草生长基质。养殖污水基本上未经处理就直接排到海边，造成水体富营养化，淤泥、悬浮颗粒物和有毒有害物质增加。另外，当地村民赶海时会使用小型的耙在海草床上采挖贝类，这也影响到海草床的生长。近年来的监测结果显示，会文湿地的红树林、海草床、珊瑚礁都在退化，其中以海草床的退化最为明显。

3. 湿地保护与发展的契机

目前对会文湿地的价值和重要性认识不足，对会文湿地的保护没有提到政府和业务主管部门的议事日程。林业部门（主管红树林）和海洋部门（主管海草床和珊瑚礁）没能形成合力保护，仅将红树林区域划入海南清澜红树林省级自然保护区，滩涂、海草床和珊瑚礁处于未受保护状态，缺乏对该区域的统一规划和管理。高度发达的海水养殖业所造成的污染正在使得海草床、红树林、珊瑚礁等湿地生态系统快速退化。此外，现有资料仅限于红树植物、鸟类和海草的基础调查，对那里的鱼类、珊瑚礁和底栖生物知之甚少，特别是对珊瑚礁盘外缘的珊瑚生长状况缺乏了解。应将滨海湿地水鸟、红树林和海草床等重要生物资源列入常规监测，特别是对之前缺乏关注的海草床、珊瑚礁等资源开展本底状况调查。对于林业部门与海洋部门共管区域，应合力开展综合保护专项行动。

沿海湿地健康指数

第四章

本章主笔作者：于秀波、周杨明、窦月含；共同作者：王玉玉、李贺、李晓炜、周延、段后浪、侯西勇、贾亦飞、夏少霞、黄翀

Halpern 等（2012）采用海洋健康指数（ocean health index）计算了全球海洋生态系统的健康状况，该指数能反映海洋健康的变化及趋势，并能从不同的时间和空间尺度对海洋生态系统进行评价及比较，因此得到了广泛的关注和应用。对湿地而言，目前尚没有一个广泛接受的评估指数和方法（崔保山和杨志峰，2001，2002a；马克明等，2001；陈展等，2009；Kotze et al.，2012）。本报告借鉴海洋健康指数，梳理了中国滨海湿地的主要服务功能及其数据可获得性，建立了中国滨海湿地健康指数（wetland health index，WHI）的方法体系。并应用湿地健康指数对沿海 11 个省（自治区、直辖市）及 35 个国家级自然保护区（含 16 块国际重要湿地）的湿地健康状况进行了评估。

一、湿地健康指数的构建

根据《湿地公约》的定义，湿地是指天然或人工、永久或暂时之死水或流水、淡水、微咸水或碱水、沼泽地、湿原、泥炭地或水域，包括低潮时不超过 6m 的海水区（殷书柏等，2014；Ramsar Convention Secretariat，2016）。湿地是水陆相互作用形成的独特的生态系统，也是世界上最具生产力的生态系统，它在食物供给、蓄洪防旱、缓解污染、调节气候、控制土壤侵蚀、保持生物多样性等方面具有重要的功能（Costanza et al.，1997；Bullock and Acreman，2003；MA，2005a；Mitsch and Gosselink，2015）。由于人类活动的影响，湿地面积急剧减少，功能日益衰退，造成了一系列的生态和经济恶果，成为国内外普遍关注的热点（MA，2005a）。

为了管理好湿地，我们迫切需要一种新的可操作性的评估方法或者评估工具，对不同空间尺度的湿地生态系统健康进行横向和纵向的比较，正确认识湿地生态系统的健康状态，指导人们如何平衡多个具有竞争性和潜在冲突的公共目标之间的矛盾，实现湿地资源的可持续利用。

湿地健康指数是一个评估湿地生态系统为人类提供生态系统服务（专栏 4.1）的能力及其可持续性的综合指标。作为一种科学严谨的指数，湿地健康指数可揭示湿地健康的变化及趋势，可从不同的时间和空间尺度对湿地生态系统健康进行评价和比较，从而促使政府、企业和公众等共同努力，改善和保护滨海湿地。具体而言，湿地健康指数应该具有如下作用。

（1）提供一个标准化的、定量的、透明直观的且具可扩展性的评价方法，以便管理者、NGO 和公众评估湿地生态系统的健康状况。

（2）能反映社会经济系统与湿地生态系统的内在联系，为管理者改善湿地生态系统健康状况指明方向。

（3）根据评分，可进行单项比较或综合比较，评估国家、省（市）、局地等不同空间尺度上的湿地管理成效。

专栏 4.1 生态系统服务及其分类

目前，生态系统服务的定义和分类体系越来越完善，千年生态系统评估（millennium ecosystem assessment，MA）综合了 Costanza 等（1997）的研究成果，将生态系统服务定义为“人们从生态系统中所获得的各种惠益（ecosystem services are the benefits people obtain from ecosystems）”，并按照功能的不同将生态系统服务分为供给服务、调节服务、文化服务和支持服务四大类（MA，2003，2005a）。

（1）供给服务（provisioning service）是指从生态系统中获取的各种产品，包括食物、纤维、淡水、燃料、基因资源、生化药剂、天然药物等。

（2）调节服务（regulating service）是指从生态系统过程的调节作用中获得的惠益，包括空气质量调节、气候调节、水文调节、侵蚀控制、人类疾病控制、生物控制、授粉等。

（3）文化服务（cultural service）是指人类通过丰富精神生活、发展认知、思考、娱乐和审美等活动从生态系统获得的非物质收益，包括文化多样性、精神和宗教价值、教育功能、激励功能、社会关系、故土情、文化遗产、娱乐和生态旅游等。

（4）支持服务（supporting service）是其他各种生态系统服务的基础，如提供生物量、制造氧气、养分循环、水循环，以及为野生动物提供栖息地等。其他各种服务对人类产生直接的和短期的影响，而支持服务通过影响其他各种服务对人类产生间接的和长期的影响。

影响生态系统服务的因素很多，包括人口、经济、政治、科技、文化、宗教等人类活动因素，以及气候变化、自然灾害、环境变迁等自然变化因素。人类活动对生态系统服务的影响在局地尺度上最为明显，人类活动方式对生态系统提供服务的能力有非常直接的影响。

应当特别注意的是，生态系统的各种服务之间密切关联，任何一种生态系统服务的变化，必将影响到其他服务的状况。例如，过分强调食物生产等生态系统供给服务的提高，必将导致其调节服务（如水源涵养、调蓄洪水等）降低。例如，将沿海红树林开垦为虾塘或农田，虽然增加了粮食生产能力，但是由于红树林面积的减少，沿海地区防御灾害和栖息生物的能力会降低，可能往往得不偿失。因此，在针对单一的生态系统服务制定决策时，必须考虑到对其他相关生态系统服务的影响。

1. 湿地生态系统服务的9个目标

根据我国湿地管理的相关法规，结合人类福祉与湿地生态系统服务的相关研究成果，参考全球海洋健康指数（崔保山和杨志峰，2001，2002a；陈展等，2009；Halpern et al.，2012；Sierszen et al. ，2012；Ma et al.，2016），确定出当前湿地生态系统保护的主要目标（图 4.1）。具体包括如下几个方面。

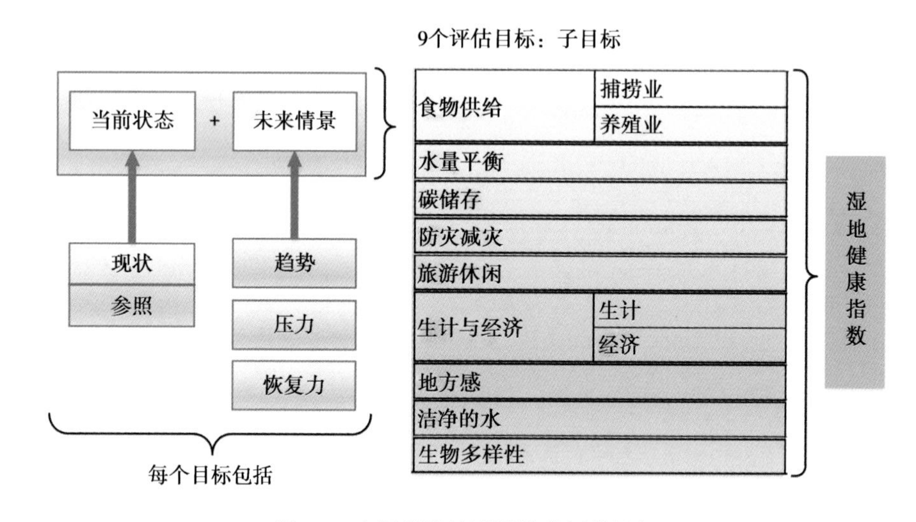

图 4.1　中国湿地健康指数的评估目标

（1）食物供给：湿地提供了丰富多样的可食用的动植物产品，如鱼、虾、贝、藻类等。无论是天然水产品，还是人工养殖水产品，这些水产品不仅是当前人类生存繁衍的重要食物来源，也是未来人类食物的重要组成部分（FAO，2014）。

（2）水量平衡：水是湿地生态系统的本质属性之一（殷书柏等，2014）。维持湿地正常功能需要一定的水文条件，包括淹水深度、淹水周期、淹水历时等。湿地水平衡状态的改变可能会导致一系列的生态后果（Acreman et al.，2007；Wantzen et al.，2008）。

（3）碳储存：湿地具有碳源、碳汇的双重特性（段晓男等，2008；宋洪涛等，2011）。一方面，湿地土壤因长期淹水处于厌氧状态下，土壤微生物以嫌气菌类为主；植物死亡后的残体经腐殖化作用和泥炭化作用形成腐殖质和泥炭，长年积累而形成富含有机质的巨大土壤碳库（宋洪涛等，2011）。据估算，湿地储存的碳占陆地土壤碳库的10%～30%，是全球最大的碳库之一，对缓解气候变暖具有重要意义。另一方面，随着温度、水文、植被等因素的变化，湿地土壤的有机质会加速分解，成为温室气体的释放源，而具有碳源的特征。因此，土壤有机质含量多少可以反映湿地作为碳库功能的强弱（吕铭志，2016）。

（4）防灾减灾：湿地为周围环境及人类提供了调蓄洪水、防御风暴潮、减少侵蚀等方面防灾减灾的非物质价值。例如，湿地蓄洪补枯可调节水旱灾害；河口、海岸湿地植被根系及其残体对海岸具有强大的固着作用，可以削弱海浪和水流的冲力及沉降沉积物，从而使沿海淤泥质滩涂、红树林成为天然防浪工程，抗御风暴潮等海洋灾害的侵袭。防灾减灾指标旨在评估湿地为人类珍视的居住及非居住环境所提供的保护效果。

（5）旅游休闲：湿地优美的生态环境、珍贵的野生生物、独特的人文环境为人类提供了运动、审美、垂钓等方面的非物质价值，为湿地旅游业的发展奠定了资源环境基础。在合理利用的前提下，旅游休闲是目前广为认可的一种湿地资源可持续利用方式（Lee，2013；Lee and Hsieh，2016）。旅游休闲不仅可以给湿地居民带来直接的经济收入，也为湿地保护提供了有力支撑。

（6）生计与经济：是指与湿地相关的生产活动所提供的工作机会，以及所带来的经济增长。在本评估中，主要考虑渔业所提供的就业机会和创造的经济产值。

（7）地方感：人们从在湿地附近生活、参与构成湿地景观或单纯知道这些地方和它们存在的特有物种中获得文化认同感或者感知价值。可以从标志性物种的存在状况及长期特征区域的状况两个方面来捕捉人们感知湿地价值并对其产生文化认同的部分。标志性的物种和被保护区域的存在象征着人们对一个区域文化、精神、审美和其他无形价值的认知。长期特征区域是指那些具有审美、精神、文化、娱乐特定价值的地理位置。

（8）洁净的水：湿地是淡水安全的生态保障。根据第二次全国湿地资源调查，我国的淡水资源主要分布在河流湿地、湖泊湿地、沼泽湿地和库塘湿地之中，湿地维持着约 2.7 万亿 t 淡水，保存了全国 96% 的可利用淡水资源。湿地淡水供给能力的高低取决于水质和水量两个方面。环境水量这个指标计量已经反映了淡水供给的数量和稳定性。水质高低的衡量，根据水质监测数据采用我国《地表水环境质量标准》（GB 3838—2002）来判定。

（9）生物多样性：生物多样性是地球上数十亿年来生命进化的结果，是生物圈的核心组成部分，也是人类赖以生存的物质基础。随着人类活动的加剧，生物多样性受到了严重威胁，成为当前世界性的环境问题之一。我国有湿地植物 4220 种、湿地植被 483 个群系，脊椎动物 2312 种，隶属于 5 纲 51 目 266 科，其中湿地鸟类 231 种，湿地是名副其实的“物种基因库”。物种丰富度是指示区域物种多样性的直接衡量指标。

根据上述评估目标的要求，确定各目标的具体评价指标及其定量化方法。每个目标可以用于湿地生态系统状态的单项评估，也可以集成为一个指数进行综合评估。参考全球海洋健康指数的评估方法（Halpern et al.，2012），湿地健康指数计算是对 9 个目标的评估得分进行加权后得出，计算公式如下：

$$\text{WHI}=\alpha_1 I_1+\alpha_2 I_2+\cdots+\alpha_9 I_9=\sum_{i=1}^{n}\alpha_i I_i$$

式中，WHI 为湿地健康指数得分；n=9；α_i 为各目标权重，本次评估采用等权重的分配方式，根据评估需要也可以按照不同的价值观设置不同权重；I_i 为各目标得分。

2. 评估指标的选择标准

关于指标的选择原则已经进行了大量的研究工作，这些生态或环境指标的开发与选择大致可以归结为两种类型（Niemeijer，2002）：一种是以数据为导向的开发思路，指标选择的核心标准就是数据，所选择的指标都具有足够的数据支持，如世界经济论坛（World Economic Forum）建立的环境可持续性指数（environmental sustainability index，ESI）；另一种是以理论为导向的开发思路，力求构建理论上最佳的评估指标体系，数据的可获得性仅仅是指标选择的一个方面，如海因茨中心构建的生态系统评估指标体系和美国国家科学研究委员会构建的美国国家生态指标体系。

本研究从中国湿地健康评估的实际出发，充分考虑实际数据的可获得性，参照上述指标选择的原则，确定了本报告的指标选取标准（OECD，1998；NRC，2000；The Heinz Center，2008；Halpern et al.，2012）。

（1）相关性和重要性：指标必须反映湿地生态系统状态的重要变化，或者反映有重要意义的区域性环境问题。

（2）科学性和政策性：指标必须具有明确的科学含义，基于一个易于理解且普遍接受的概念模型，能够简化复杂的生态信息；指标必须易于被公众和决策者理解，能够服务于制定政策和监测活动的实施效果。

（3）可量化和可比较：指标必须能够量化，并且可以与特定的参考状态或者通用的国内/国际标准相比较，以反映生态系统状态的变化。

（4）敏感性和可靠性：指标能够敏感地、及时地监测各种因素导致的生态系统变化，同时，指标还具有早期预警的作用。

（5）数据和成本：所选取的指标是否可以获得足够的数据支持，获取数据的成本是否可以接受。指标最好能够得到长期生态和环境监测项目的支持，以便能稳定地获取可靠的长期监测数据。

3. 湿地健康指数的单项指标量化方法

根据上述指标的选择原则和评估目标，确定了食物供给、水量平衡、碳储存、防灾减灾、旅游休闲、生计与经济、地方感、洁净的水、生物多样性 9 个评估目标的具体量化指标及数据来源（表 4.1）。

表4.1　湿地健康指数的衡量指标及其数据来源

目标	子目标	量化指标	数据来源
食物供给	捕捞业	代表性水产品（鱼、虾、贝、藻类等）的捕捞产量	省、县（市）统计年鉴及《中国渔业统计年鉴》；公开发表的文献
	养殖业	代表性水产品（鱼、虾、贝、藻类等）养殖单产	省、县（市）统计年鉴及《中国渔业统计年鉴》；公开发表的文献
水量平衡		当年平均水位；当年径流总量或当年地表水资源总量	省、县（市）水资源公报
碳储存		单位面积某类生态系统的蓝碳的碳汇值	中国湿地科学数据库（http：//www. marsh. csdb.cn）；公开发表的文献
防灾减灾		现有湿地面积；参考湿地面积	土地利用数据（中国科学院烟台海岸带研究所）；《中国湿地资源》；公开发表的文献
旅游休闲		区域旅游业从业人数在该区域总就业人数的比例	省、县（市）旅游部门统计资料；公开发表的文献
生计与经济	生计	渔业养殖业的从业人数占该区域总就业人数的比例	省、市（县）统计年鉴中的就业数据
	经济	单位面积上农业（或渔业养殖业 + 旅游业）产值	省、市（县）统计年鉴中的渔业产值数据
地方感	永久性特殊地点	区域的湿地保护率	土地利用数据（中国科学院烟台海岸带研究所）；第二次全国湿地资源调查（国家林业局，2014）
洁净的水		水污染状态（营养源、化学等污染源输入的几何平均数），可用水质等级表示	省、市（县）环境质量公报
生物多样性	生境	区域天然湿地面积	土地利用数据（中国科学院烟台海岸带研究所）
	物种	区域湿地植物和脊椎动物物种数量及目标湿地面积	国家级自然保护区科考报告及日常监测报告

食物供给是指湿地提供的可食用的动植物产品，如鱼、虾、贝、藻类等。分别用捕捞产量和养殖单产两个指标来计算食物供给能力；水量平衡主要通过水位或径流量的变化来衡量；碳储存通过不同湿地面积及相应的固碳效率折算；防灾减灾主要通过不同湿地类型及其防灾减灾能力的强弱来评估；旅游休闲功能采用旅游业的就业人数来间接反映；生计与经济分为生计和经济两个子指标，分别用渔业养殖业从业人数占比和农业产值占比来衡量；地方感主要通过标

志性物种的存在状况及长期特征区域的状况来反映；洁净的水主要采用水质作为评估指标；生物多样性分为栖息地指数和物种多样性指数，分别用栖息地（湿地）面积和物种的种类数来衡量。具体的量化指标和计算方法，请参阅附录 6。

二、国家级自然保护区湿地健康评估

1. 35个国家级自然保护区概述

本次评估选择了沿海 35 个国家级自然保护区（图 4.2），这些保护区涉及环保（7 个）、海洋（14 个）、林业（11 个）、农业（2 个）等部门，包括河口、滩涂（潮间带）、珊瑚礁、红树林、海蚀地貌等代表性湿地类型，保护面积合计 292.28 万 hm^2（详见附录 1）。这 35 个保护区中有 12 块国际重要湿地和 23 块国家重要湿地，是国家林业局湿地保护和恢复工程的重点关注湿地区。

2. 湿地健康指数的评估结果

采用湿地健康指数对 35 个国家级滨海湿地保护区（含 12 块国际重要湿地）近 5 年的健康状况进行了评估，结果显示：国家级自然保护区的平均得分为 63.6 分；得分大于 80 分的保护区仅 1 个，为海南东寨港国家级自然保护区；20%（7 个）保护区的得分大于 70 分；66%（23 个）保护区的得分大于 60 分。34%（12 个）保护区的得分低于 60 分，其中滨州贝壳堤岛与湿地国家级自然保护区的得分最低，仅 44.8 分（图 4.3~ 图 4.5）。

从单项服务功能的评估结果来看，食物供给（83.6 分）、生物多样性（72.2 分）、生计与经济（70.7 分）、水量平衡（64.2 分）、防灾减灾（61.6 分）、洁净的水（60.7 分）6 项功能得分相对较高，这意味着，这些区域具有丰富的物种资源和良好的栖息环境，生物资源对当地居民生计起到了较好的基础性支撑作用。同时，在这些区域，湿地处于严格的保护状态，湿地保护率、水量和水质状况相对较好，在抵御灾害和水质调节方面对周围环境能起到积极作用。然而，碳储存（58.6 分）、地方感（55.2 分）和旅游休闲（45.9 分）3 项功能的得分均低于 60 分，这意味着，湿地仍在多个方面受到人类活动的威胁。同时，相较于其他地区，我国沿海湿地的保护状况并不理想。另外，值得注意的是，在计算各保护区的总分时，对于数据缺失不能参与评估的单项指标，其单项得分标记为 NULL；对于单项指标得分不足 10 分的指标，可能是该指标的量化方法不适用于该保护区，其单项得分标记为 NA；标记为 NULL 和 NA 的单项指标不参与计算总平均分。

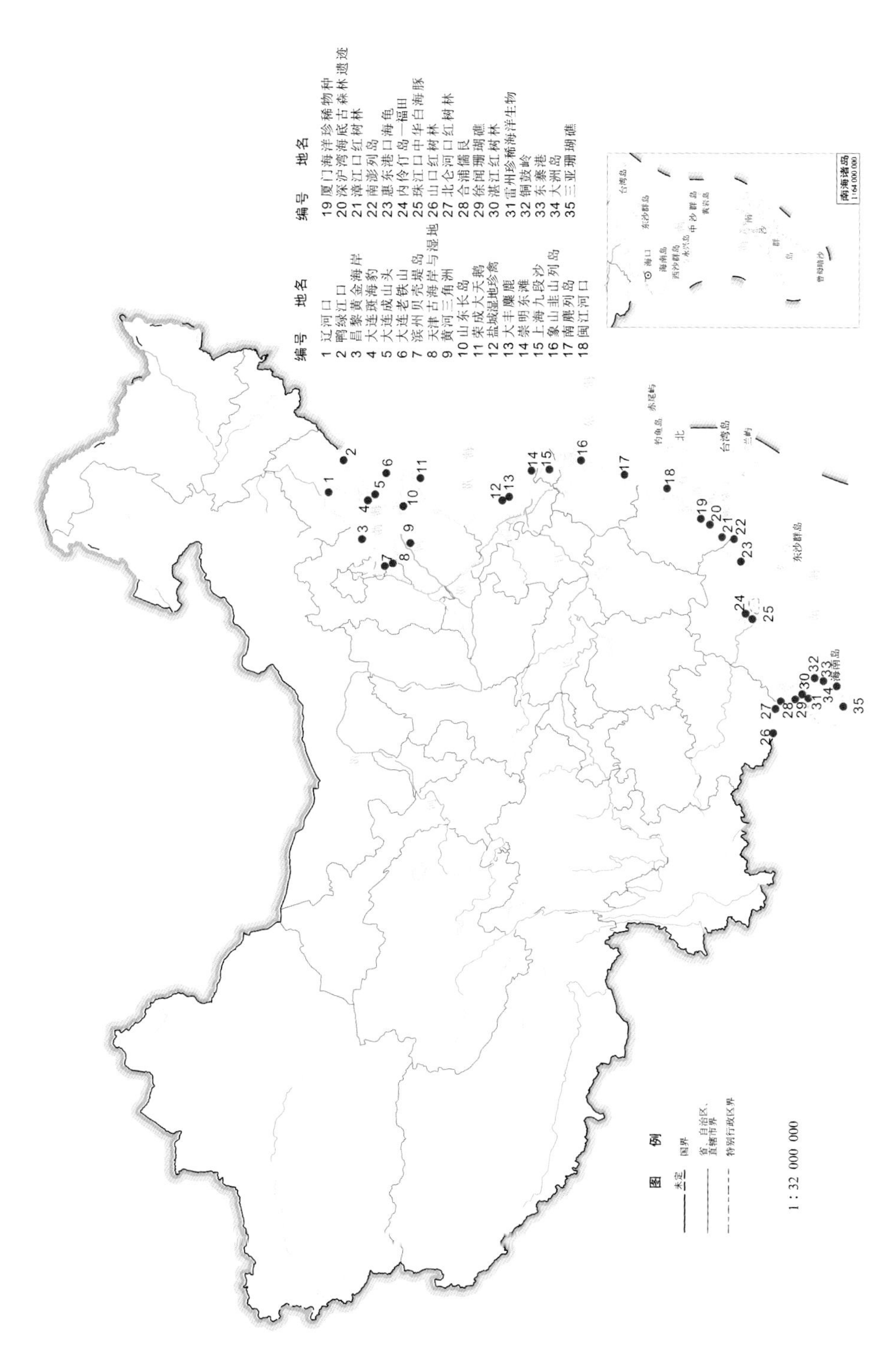

图 4.2　沿海 35 个国家级自然保护区的分布图（夏少霞制图）

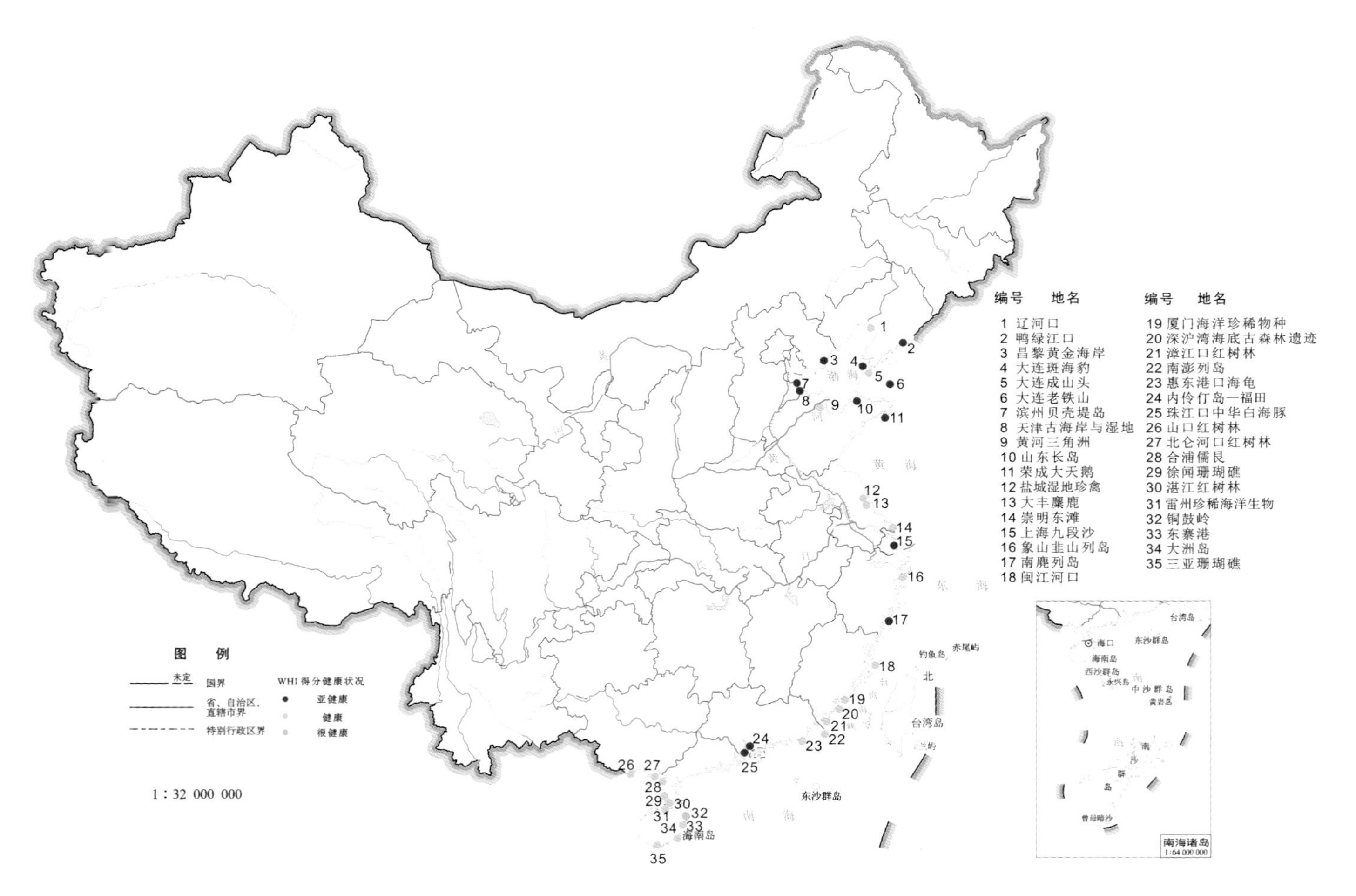

图 4.3　沿海 35 个保护区 WHI 得分的空间分布（夏少霞制图）

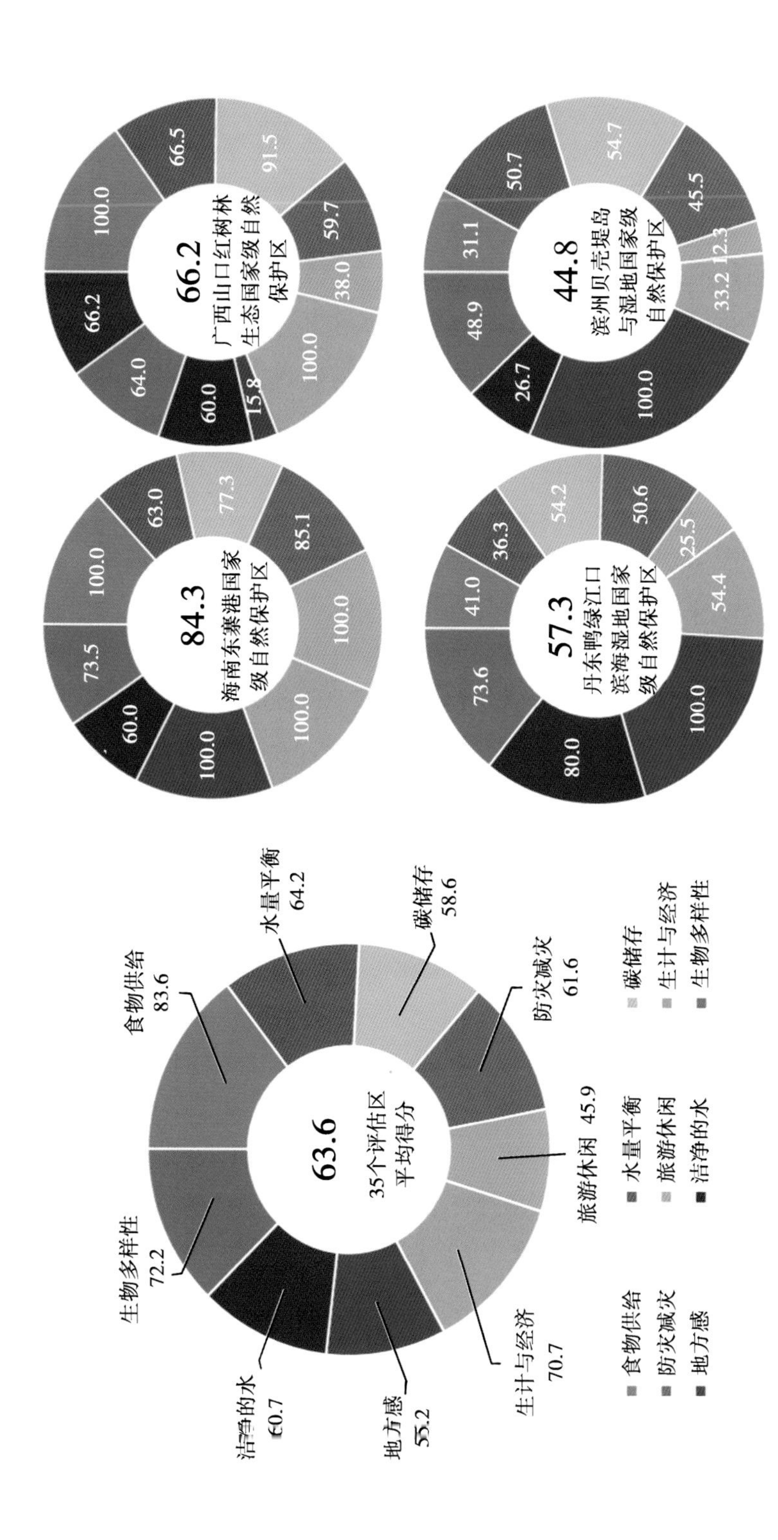

图 4.4 WHI 总体得分与部分保护区得分的结构饼图

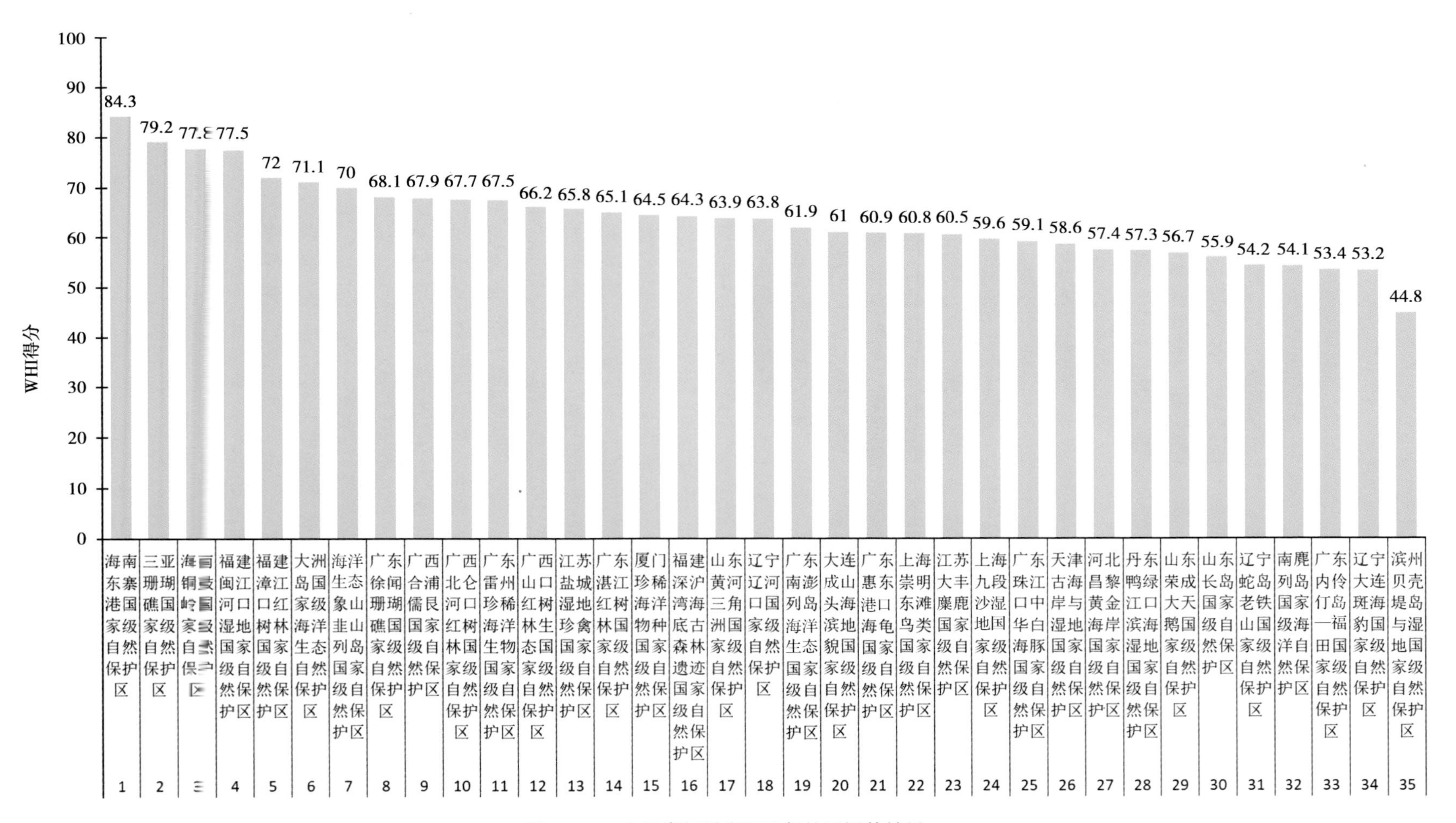

图 4.5　35 个国家级沿海湿地保护区评估结果

3.湿地健康分级

我们根据湿地健康指数的分值对沿海 35 个国家级滨海湿地保护区健康状况进行了分级评估，其中 WHI 得分区间 [80，100] 为很健康状态，[60，80）为健康状态，[40，60）为亚健康状态，[20，40）为不健康状态，[0，20）为很不健康状态（表 4.2，表 4.3）。

表4.2　湿地生态系统健康分级标准

分值区间	表征状态	等级特征
[80，100]	很健康	湿地生态系统活力极强，组织结构十分合理，生态服务功能极其完善，系统弹性度很强，外界压力很小，湿地变化很小，无生态异常出现，系统极稳定，处于强可持续状态
[60，80）	健康	湿地生态系统活力比较强，组织结构比较合理，生态服务功能比较完善，系统弹性度比较强，外界压力比较小，湿地变化比较小，无生态异常且系统稳定，处于中等可持续状态
[40，60）	亚健康	湿地生态系统具有一定的活力，组织结构相对完整，生态服务功能基本正常，系统弹性度一般，外界压力较大，接近湿地生态阈值，系统敏感性强且已出现少量的生态异常，处于弱可持续状态
[20，40）	不健康	湿地生态系统活力较低，组织结构出现缺陷，生态服务功能及弹性度比较弱，外界压力大，湿地变化比较大，生态异常较多，湿地生态系统已开始退化
[0，20）	很不健康	湿地生态系统活力极低，组织结构极不合理，生态服务功能及弹性度极弱，外界压力很大，湿地变化很大，湿地斑块破碎化严重，湿地生态异常大面积出现，湿地生态系统已经严重退化

表4.3　35个国家级滨海湿地保护区健康评估的结果

分值区间	状态与数量	评估区名录
[80，100]	很健康 1 个，3%	海南东寨港国家级自然保护区
[60，80）	健康 22 个，63%	三亚珊瑚礁国家级自然保护区 海南铜鼓岭国家级自然保护区 福建闽江河口湿地国家级自然保护区 福建漳江口红树林国家级自然保护区 大洲岛国家级海洋生态自然保护区 象山韭山列岛海洋生态国家级自然保护区 广东徐闻珊瑚礁国家级自然保护区 广西合浦儒艮国家级自然保护区 广西北仑河口红树林国家级自然保护区 广东雷州珍稀海洋生物国家级自然保护区 广西山口红树林生态国家级自然保护区 江苏盐城湿地珍禽国家级自然保护区 广东湛江红树林国家级自然保护区 厦门珍稀海洋物种国家级自然保护区 福建深沪湾海底古森林遗迹国家级自然保护区 山东黄河三角洲国家级自然保护区

续表

分值区间	状态与数量	评估区名录
[60，80）	健康 22 个，63%	辽宁辽河口国家级自然保护区 广东南澎列岛海洋生态国家级自然保护区 大连成山头海滨地貌国家级自然保护区 广东惠东港口海龟国家级自然保护区 上海崇明东滩鸟类国家级自然保护区 江苏大丰麋鹿国家级自然保护区
[40，60）	亚健康 12 个，34%	上海九段沙湿地国家级自然保护区 广东珠江口中华白海豚国家级自然保护区 天津古海岸与湿地国家级自然保护区 河北昌黎黄金海岸国家级自然保护区 丹东鸭绿江口滨海湿地国家级自然保护区 山东荣成大天鹅国家级自然保护区 山东长岛国家级自然保护区 辽宁蛇岛老铁山国家级自然保护区 南麂列岛国家级海洋自然保护区 广东内伶仃岛—福田国家级自然保护区 辽宁大连斑海豹国家级自然保护区 滨州贝壳堤岛与湿地国家级自然保护区
[20，40）	不健康	无
[0，20）	很不健康	无

根据分级标准，处于很健康状态（WHI 得分≥ 80 分）的保护区有 1 个，为海南东寨港国家级自然保护区。这个保护区是我国红树林面积最大、种类最多、生长最好的地区之一，其生态系统活力极强，组织结构十分合理，生态服务功能极其完善，系统弹性度很强，外界压力很小，湿地变化很小，无生态异常，系统极稳定，处于可持续状态。但是，在 9 个单项指标中，水量平衡和洁净的水的指标分值比较低，分别为 63.0 分和 60.0 分。根据全国第二次湿地调查资料，该保护区水质为Ⅱ级，影响水质的主要污染因子是生活污水、垃圾和动物排泄物。

处于健康状态（60 分≤ WHI 得分＜ 80 分）的保护区 22 个，占总数的 63%，平均得分为 67.9 分（图 4.6）。其中，三亚珊瑚礁国家级自然保护区、海南铜鼓岭国家级自然保护区、福建闽江河口湿地国家级自然保护区、福建漳江口红树林国家级自然保护区、大洲岛国家级海洋生态自然保护区、象山韭山列岛海洋生态国家级自然保护区 6 个保护区的得分在 70 分以上，其余 16 个保护区得分在 60~70 分。这些生态系统活力比较强，组织结构比较合理，生态服务功能比较完善，系统弹性度比较强，外界压力比较小，湿地变化比较小，无生态异常，系统尚稳定，处于可持续状态。从 9 个单项指标的分值看，地方感、旅游休闲 2 个单项指标平均得分低于 60 分，水量平衡、碳储存、防灾减灾、洁净的水 4 个单项指标平均得分在 61~69 分，食物供给、生计与经济、生物多样性 3 个单项指标得分在 70 分以上。这表明通过提高湿地水质、开发湿地文化服务价值可促进湿地生态健康的进一步改善。

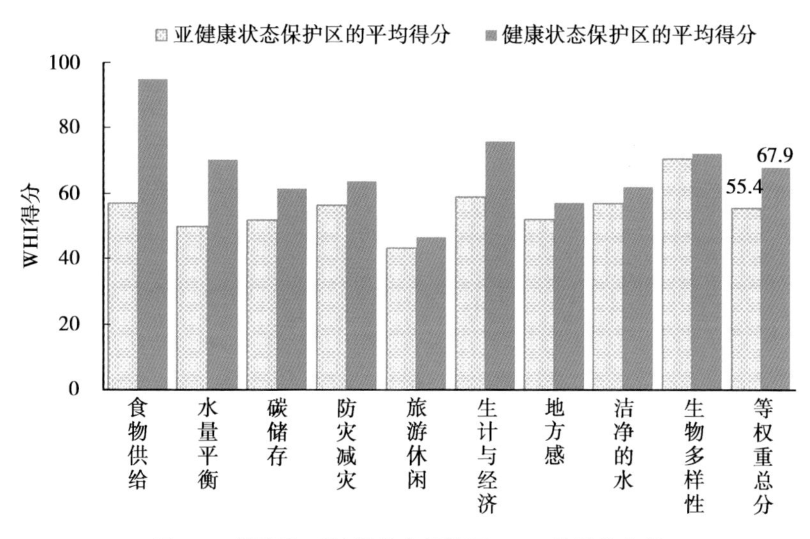

图 4.6　健康和亚健康状态保护区 WHI 的平均分值

处于亚健康状态（40 ≤ WHI 得分＜ 60 分）的保护区 12 个，占总数的 34%，平均得分为 55.4 分（图 4.6）；这些保护区的湿地生态系统具有一定的活力，组织结构完整，生态服务功能及弹性度一般，但是外界压力较大，接近湿地生态阈值，敏感性强且已有少量的生态异常出现，可发挥基本的湿地生态功能，但极易转变为不健康状态。从 9 个单项指标的分值看，除生物多样性指标得分平均分为 70.5 分外，其他 8 个单项指标的平均得分都低于 60 分，得分最低的单项指标旅游休闲只有 43.2 分。这表明这 12 个保护区的生物多样性保护成效尚可，但是不可持续的湿地资源利用已经产生了严重后果，水量平衡、碳储存、防灾减灾、水质净化等功能已经开始衰退，湿地生态系统对人类福祉的支撑作用明显降低。

本次评估中没有处于不健康和很不健康状态的国家级自然保护区。

本次评估中滨州贝壳堤岛与湿地国家级自然保护区得分最低，为 44.8 分，处于亚健康状态（图 4.5）。从 9 个单项指标的分值看，因其湿地保护率非常高，其地方感得分为满分；水量平衡、碳储存的分值区间为 50~60 分，其功能已经开始退化；防灾减灾、生物多样性的分值区间为 45~50 分，其功能已经明显退化；食物供给、旅游休闲、生计与经济、洁净的水的分值低于 40 分，其功能已经显著退化了。这说明该保护区的湿地保护率虽然很高，但是已经出现了很多生态异常，其保护的效果并不理想。全国第二次湿地资源调查虽然指出了该保护区主要受到污染威胁，但是并没有确定具体的污染来源。

三、沿海11个省（自治区、直辖市）湿地健康评估结果

1. 11个省（自治区、直辖市）湿地概述

我国拥有辽宁、天津、河北、山东、江苏、上海、浙江、福建、广东、广西、海南等11个沿海省（自治区、直辖市），海岸线绵长，岛屿、河流等资源丰富，湿地面积广阔。其中天然湿地897.58hm^2，主要包括滨海湿地（579.6万hm^2）、河流湿地（208.1万hm^2）、湖泊湿地（65.57万hm^2）、沼泽湿地（44.31万hm^2）；人工湿地305.49hm^2，主要由库塘、水产养殖场、盐田等组成。

11个省（自治区、直辖市）拥有长达18 000km的海岸线，6900多个面积500m^{2}以上的岛屿，多条流域面积超过1000km^{2}的入海河流以及160个面积10km^{2}以上的海湾，共构成滨海湿地面积为579.6万hm^2，占全国湿地总面积的10.85%（表4.4）。其分布以杭州湾为界，杭州湾以北除山东半岛、辽东半岛的部分地区为基岩性海岸外，多为沙质和淤泥质海岸，由环渤海滨海和江苏滨海湿地组成；杭州湾以南以基岩性海岸为主，主要河口及海湾有钱塘江–杭州湾、晋江口–泉州湾、珠江口河口湾和北部湾等。

表4.4　沿海11个省（自治区、直辖市）湿地概况

省（自治区、直辖市）	湿地率/%	湿地面积/万hm^2					
		总计	滨海湿地	河流湿地	湖泊湿地	沼泽湿地	人工湿地
辽宁省	9.42	139.47	71.32	25.14	0.29	11.01	31.71
天津市	17.10	29.55	10.43	3.23	0.36	1.09	14.44
河北省	5.02	94.19	23.19	21.25	2.66	22.36	24.73
山东省	11.08	173.75	72.85	25.78	6.26	5.41	63.45
江苏省	27.51	282.27	108.75	39.65	53.67	2.80	87.40
上海市	67.28	46.45	38.66	0.72	0.58	0.93	5.56
浙江省	10.90	111.00	69.25	14.12	0.88	0.07	26.68
福建省	11.48	87.10	57.56	13.51	0.03	0.02	15.98
广东省	9.75	121.76	81.51	33.79	0.15	0.36	5.95
广西壮族自治区	3.18	75.43	25.90	26.89	0.63	0.24	21.77
海南省	9.44	32.01	20.17	3.98	0.06	0.00	7.80

注：数据来源于第二次全国湿地资源调查（国家林业局，2014）

沿海11个省（自治区、直辖市）近海与海岸湿地面积广阔，内陆湿地特色鲜明（如广西喀斯特湿地等），总体呈现类型多、面积大、分布广、区域差异显著、生物多样性丰富等特点。为了进一步揭示我国滨海湿地整体健康状况，项目对于滨海湿地所在的11个沿海省（自治区、直辖市）进行了整体的湿地健康评估。

2. 湿地健康指数的评估及结果

为保证评估的可信度和可持续性，沿海 11 个省（自治区、直辖市）湿地健康指数的评估数据主要来自各省（自治区、直辖市）的省级统计年鉴、专项年鉴（如渔业统计年鉴）、资源公报（如水资源公报、环境质量公报和旅游公报）、官方数据库（如中国沼泽湿地数据库）、全国湿地资源调查、科考报告（如国家级自然保护区科考报告及日常监测报告），以及已有的土地利用数据，部分指标采用公开发表的文献数据对评估进行补充和校正（如食物供给、碳储量和旅游休闲）（表 4.5）。

表4.5 沿海11个省（自治区、直辖市）湿地健康指数评估数据来源

WHI评价指标	数据来源
食物供给	沿海各省（自治区、直辖市）统计年鉴及《中国渔业统计年鉴》；公开发表的文献
水量平衡	沿海各省（自治区、直辖市）水资源公报
碳储存	中国湿地科学数据库（http：//www. marsh. csdb. cn）；公开发表的文献
防灾减灾	土地利用数据（中国科学院烟台海岸带研究所）；《中国湿地资源》；公开发表的文献
旅游休闲	沿海各省（自治区、直辖市）统计年鉴、旅游公报；公开发表的文献
生计与经济	沿海各省（自治区、直辖市）统计年鉴中的就业数据及渔业产值数据
地方感	第二次全国湿地资源调查（国家林业局，2014）
洁净的水	沿海各省（自治区、直辖市）环境质量公报
生物多样性	第二次全国湿地资源调查（国家林业局，2014）；国家级自然保护区科考报告及日常监测报告

根据 WHI 的评估结果，沿海 11 个省（自治区、直辖市）平均得分为 59.2 分（图 4.7），最高分为广东省（70.9 分），最低分为辽宁省（51.4 分）。各单项指标中，平均分较高的为食物供给、水量平衡、旅游休闲、地方感、生物多样性 5 个指标，且得分均大于 60；平均分最低的是生计与经济指标，为 29.4 分；碳储存、防灾减灾、洁净的水 3 个指标的平均得分为 40~60 分。结果表明，随着沿海经济的发展与转型，人们对湿地资源的利用方式也逐步发生改变，已经从最初的食物供给、生计维持等供给服务逐步过渡到以旅游休闲为主的文化服务方面。近年来，由于自然保护投入的增加，沿海 11 个省（自治区、直辖市）建立了大量的湿地保护区，地方感和生物多样性这些与湿地面积关系密切的指标得到了改善。但是，碳储存、防灾减灾、洁净的水等湿地调节功能依然较差，需要从外部压力消除和内部功能恢复两个方面，通过长期的努力才能逐步得到改善。生计与经济指标得分表明，依靠湿地资源发展的第一产业对沿海 11 个省（自治区、直辖市）的贡献越来越小，其产出水平远低于全国平均水平。

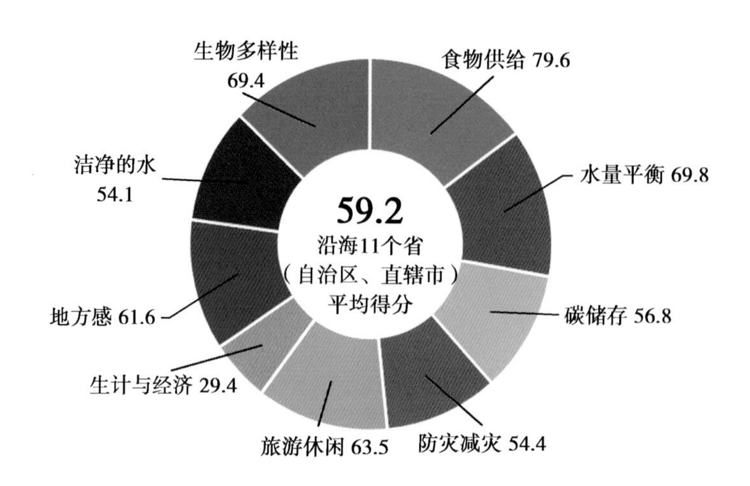

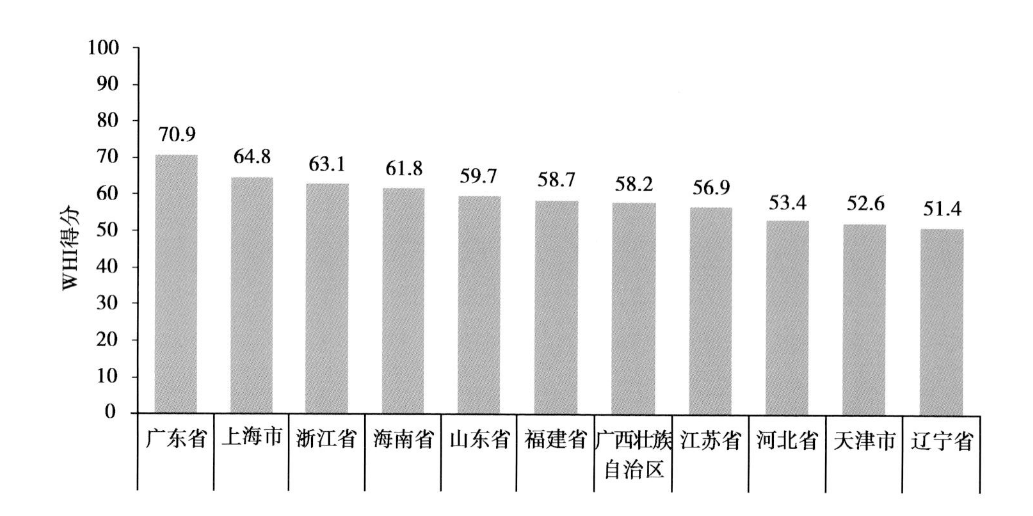

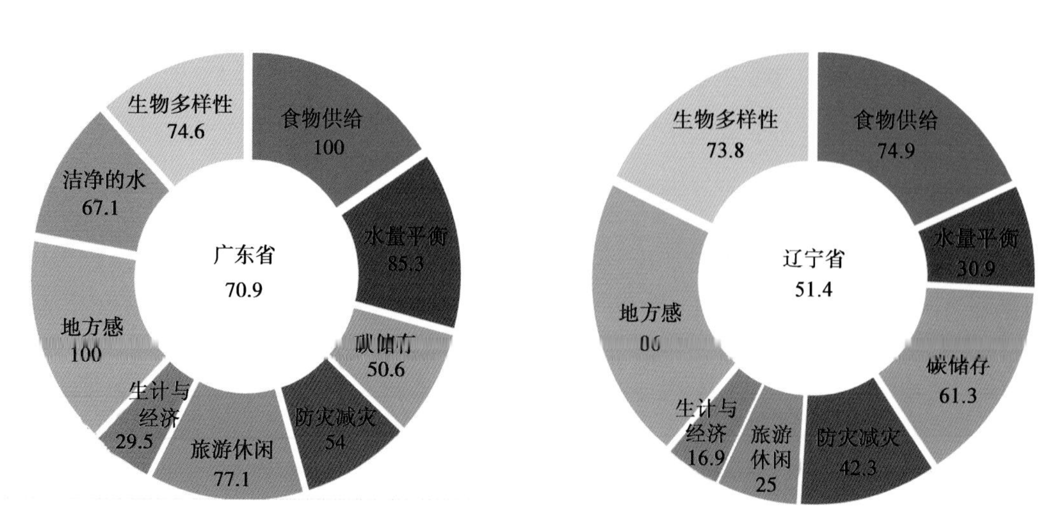

图 4.7　沿海 11 个省（自治区、直辖市）WHI 总体得分与分项得分情况

3. 湿地健康分级

根据湿地健康指数的分值对沿海 11 个省（自治区、直辖市）湿地健康状况进行了分级，其中得分区间 [80，100] 为很健康状态，[60，80）为健康状态，[40，60）为亚健康状态，[20，40）为不健康状态，[0，20）为很不健康状态（表 4.6，图 4.8）。

根据分级标准，沿海 11 个省（自治区、直辖市）没有处于很健康状态及不健康和很不健康状态的（图 4.8）。

表4.6　沿海11个省（自治区、直辖市）湿地生态系统健康评价分级

省（自治区、直辖市）	分值区间	健康状态
广东省	[60，80）	健康
上海市	[60，80）	健康
浙江省	[60，80）	健康
海南省	[60，80）	健康
山东省	[40，60）	亚健康
福建省	[40，60）	亚健康
广西壮族自治区	[40，60）	亚健康
江苏省	[40，60）	亚健康
河北省	[40，60）	亚健康
天津市	[40，60）	亚健康
辽宁省	[40，60）	亚健康

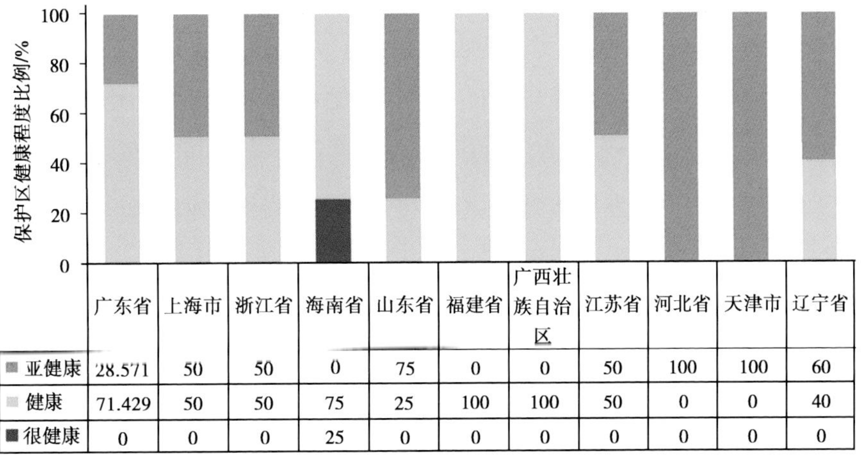

	广东省	上海市	浙江省	海南省	山东省	福建省	广西壮族自治区	江苏省	河北省	天津市	辽宁省
亚健康	28.571	50	50	0	75	0	0	50	100	100	60
健康	71.429	50	50	75	25	100	100	50	0	0	40
很健康	0	0	0	25	0	0	0	0	0	0	0

图 4.8　沿海 11 个省（自治区、直辖市）内保护区健康程度比例

仅广东、上海、浙江、海南 4 个省（直辖市）处于健康状态，平均得分为 65.15 分。这 4 个省（直辖市）湿地保护状况较好，生态系统活力比较强，组织结构比较合理，生态服务功能比较完善，系统弹性度比较强，外界压力比较小，湿地变化比较小，无生态异常，系统尚稳定，处于可持续状态。从 9 个单项指标的分值看，食物供给、旅游休闲、水量平衡 3 个单项指标平均得分高于 80 分，地方感和生物多样性 2 个单项指标平均得分为 61~69 分，防灾减灾、碳储存、洁净的水和生计与经济 4 个单项指标得分低于 60 分，其中生计与经济的得分仅为 35.1 分。这表明通过提高湿地水质和合理利用湿地可促进湿地生态健康的进一步改善。

处于亚健康状态的有 7 个，平均得分为 55.8 分。这些省（自治区、直辖市）的湿地生态系统具有一定的活力，组织结构完整，生态服务功能及弹性度一般，但是外界压力较大，接近湿地生态阈值，敏感性强且已有少量的生态异常出现，可发挥基本的湿地生态功能，但极易转变为不健康状态。从 9 个单项指标的分值看，仅生物多样性和食物供给指标得分超过 70 分，碳储存、防灾减灾、旅游休闲、生计与经济、洁净的水得分均低于 60 分。这表明这 7 个省（自治区、直辖市）生物多样性保护和生物资源利用尚可，但是湿地的调节功能状况较差，对人类福祉的支撑作用也明显偏低。

结合分布于沿海 11 个省（自治区、直辖市）的 35 个湿地保护区健康评估结果（第四章“国家级自然保护区湿地健康评估”），可以发现虽然保护区的健康程度不能代表该地区的湿地健康程度，但比较结果基本符合两个规律：第一，包含保护区个数多（如广东省 7 个国家级自然保护区）或被保护湿地面积较大（如上海市）的地区健康程度较好或在同等健康程度中得分较高；第二，包含保护区总体呈健康状态比例较高（如海南省、福建省）的省份健康程度较好或在同等健康程度中得分较高。

值得注意的是，由于生态系统服务之间存在权衡，理论上本评估选择的 9 个目标不可能都与 WHI 得分呈正相关。例如，在保护区内，随着自然保护力度的不断增强，食物供给、生计与经济、旅游休闲等与社会经济发展相关的评价指标的得分会不断降低；而在更大的区域范围内（如省域），由于主体功能和发展策略的差异，这些评估指标的得分反而会更高。

四、小结与讨论

沿海 35 个国家级自然保护区湿地健康指数评估平均得分为 63.6 分，整体达到健康状态。但从 35 个保护区 WHI 得分来看，高于 70 分的有 7 个，仅占总数的 20%，低于 60 分的保护区有 12 个，占总数的 34%。这些保护区的湿地生态系统所受外界压力较大，接近湿地生态阈值，敏感性强，已有少量的生态异常出现，可发挥基本的湿地生态功能，但极易转变为不健康状态。

沿海 11 个省（自治区、直辖市）湿地健康指数评估显示均分为 59.2 分，处于亚健康状态；11 个省（自治区、直辖市）WHI 得分分布上，有 7 个保护区得分为 50~60 分，占总数的 63.6%，生态系统易遭受外界干扰发生变化，稳定性较差。

总体来看，沿海 35 个国家级自然保护区及 11 个省（自治区、直辖市）湿地整体健康状况并不理想，易从健康或亚健康状态演变成不健康状态，后期应分析导致其生态系统健康恶化的缘由，有针对性地加强保护。

由于各方面因素的限制，本次评估难免存在很多遗憾和一些缺陷。但是，本次评估是一次有益的尝试，将为今后开展更加客观、严谨的评估奠定坚实基础。我们建议后续工作从以下三方面进行改进。

（1）进一步改进评估指标的选择与量化方法。鉴于数据的可获得性，本评估在量化 6 个评估目标方面，采取了相互妥协的策略，在确保评估指标可核算的前提下，尽量兼顾评估指标的科学性，这样的处理会导致某些评估指标可能难以全面反映既定的评估目标。例如，生计与经济指标，原定目标是希望能够反映湿地对当地居民生计的基础性支撑作用，同时又能反映湿地资源利用对经济产业的贡献。湿地对居民生计的支撑作用比较广，可以用种植业和养殖业的从业人数来衡量。湿地支撑的经济产业部门，涵盖了第一产业、第二产业和第三产业，但是既有的社会经济统计体系并没有单独统计湿地对产业经济的贡献，在本评估中，仅采用渔业产值来衡量湿地对产业经济的贡献。

（2）完善参考状态的选择标准。参考状态的选择直接影响评分结果，选择合适的参考状态是确保评估结果客观、可靠的关键。例如，地方感，如果选择“十三五”规划的全国湿地保护率目标值 50% 作为参考值，将使得一大部分保护区的评估得分低于 10 分，会直接拉低湿地保护区 WHI 的整体得分。

（3）开展湿地健康指数 / 状态变化的驱动力分析。湿地保护是生态文明建设的重要内容，事关国家生态安全，事关经济社会可持续发展。为了更好地将评估结果与管理实践相结合，有必要采用生物多样性和生态系统服务政府间科学 – 政策平台（IPBES）制定的概念框架，将湿地生态系统健康、生态系统服务与人类福祉联系起来，确定导致生态系统变化的主要驱动力，进而为后续制定湿地保护修复政策提供更好的选择。

第五章 沿海湿地保护典型区域

一、黄河三角洲湿地生态系统健康评估[①]

湿地是人类最重要的生存环境和自然界生物多样性最丰富的景观之一，随着人类活动范围和对生态系统干扰强度的不断增大，湿地生态系统正遭受着前所未有的冲击，数量和面积减少、生物多样性降低、水质恶化、富营养化等一系列的生态系统失衡状况正逐步威胁湿地生态系统的良性循环和发展，已经威胁到人类自身的发展（崔丽娟，2001；丁晖等，2006）。因此，开展湿地生态系统健康评估，对湿地生态系统保护具有重要意义（黄艺和舒中亚，2013；Frashure et al.，2016；van Niekerk et al.，2013）。

湿地生态系统健康是反映湿地生态系统本身物理、化学、生态功能的完整性，反映湿地生态系统对人类福祉的影响，间接反映经济发展、人类活动对湿地生态系统的扰动（崔保山和杨志峰，2002a，2002b）。湿地生态系统健康评估是湿地科学的一个新领域，它是定量分析导致湿地系统物质循环、能量流动及信息传递等功能受损的自然或人为原因，以及功能的受损程度。经过近几十年的发展，湿地生态系统健康研究已经完成了由科学理论转变为科学实践的过程，在湿地评价领域取得了显著成就。现今，湿地生态系统健康评估已成为国内外的研究热点（Spencer and Robertson，1998；武海涛和吕宪国，2005；杨一鹏等，2004；Wang et al.，2006；宋创业等，2016）。

但是，在由科学实践转变为指导实践、决策管理的过程中还存在不足。在全球领域普遍存在着湿地生态系统健康管理进程远远滞后于湿地退化与消失的速度。在我国，受科研管理与研究经费的限制，湿地生态健康研究范围与渠道较窄，如围绕科研项目进行的研究较多，探索性研究较少；湿地监测技术与管理的联系不紧密，衔接上还存在缝隙，湿地科学研究的技术成果没有完全被应用于管理上，缺乏实用性和针对性。由于人类扰动范围和扰动尺度的增大，加之湿地生态系统本身的复杂性，单一因素的评价不能满足湿地生态系统健康评价的需求。多因素综合性的评价是符合生态系统健康复杂性需求的，也正是因为评价指标的多元性，健康评价还要做到具有可操作性、不能脱离监测技术的现行能力。因此，加强湿地生态系统健康评价的研究是其重要的研究方向。

黄河三角洲位于山东省东北部、渤海湾南岸、莱州湾西侧，是我国暖温带最完整、最广阔的典型河口湿地生态系统。过去关于该地区的研究主要集中在湿地动态变化、湿地生态评

① 本节作者：黄翀、李贺

价、湿地生物多样性及湿地生态修复等方面。在这些研究中，专家学者分别运用生态经济学、数学、地理信息系统科学、遥感等方法和手段，对湿地的生态风险、生态需水量等做了量化评价，完善了湿地生态学的理论和方法。对于黄河三角洲湿地生物多样性及生态位的研究很好地阐释了湿地生物共生及生态系统稳定性的形成机制。湿地生态修复技术的研究与实践促进了湿地生态环境的改善。纵观前人研究成果，关于该地区湿地生态健康评价的研究还很少。黄河三角洲湿地由于受到油田开发、农业开垦、滩涂养殖、黄河入海流量和沙量减少、环境污染等影响（图 5.1），湿地生态系统受到严重的干扰和破坏，导致出现大规模退化现象，因此研究湿地生态健康对保护该地区湿地意义重大。所以，本章以黄河三角洲湿地为案例，探讨黄河三角洲湿地生态健康的评价研究，以丰富生态评价的理论和方法，为研究区实施湿地保护和生态健康评价标准的制定提供科学依据。

图 5.1　湿地生态系统受到干扰和破坏的类型及形式

左：油气开发；右：农业开垦（李贺摄）

1. 黄河三角洲湿地概况

黄河三角洲位于渤海湾南岸和莱州湾西岸，主要分布于山东省东北部（图 5.2），地处 36°55′N~38°12′N，118°07′E~119°18′E，黄河三角洲属于温带半湿润大陆季风性气候，四季分明，降水年内分配不均且蒸发量大，黄河是黄河三角洲地区最主要的客水来源。该区独特的地理位置和气候特征使该地区蕴藏着丰厚的湿地资源，黄河多年携带大量泥沙入海，使黄河每年向海延伸平均达 22km，平均造陆 32.4km^2，使得湿地面积逐年增大，成为世界上土地面积自然增长最快的地区之一，也是海陆交互最活跃的区域之一，是我国暖温带保存最完整、最广阔、最年轻的湿地生态系统，以保护黄河口新生湿地生态系统和珍稀鸟类。黄河三角洲国家级自然保护区地处黄河入海口处，是我国最大的河口三角洲自然保护区，也是东亚 - 澳大利西亚候鸟迁徙路线（EAAF）和环西太平洋鸟类迁徙的重要“中转站”、越冬栖息地和繁殖地。

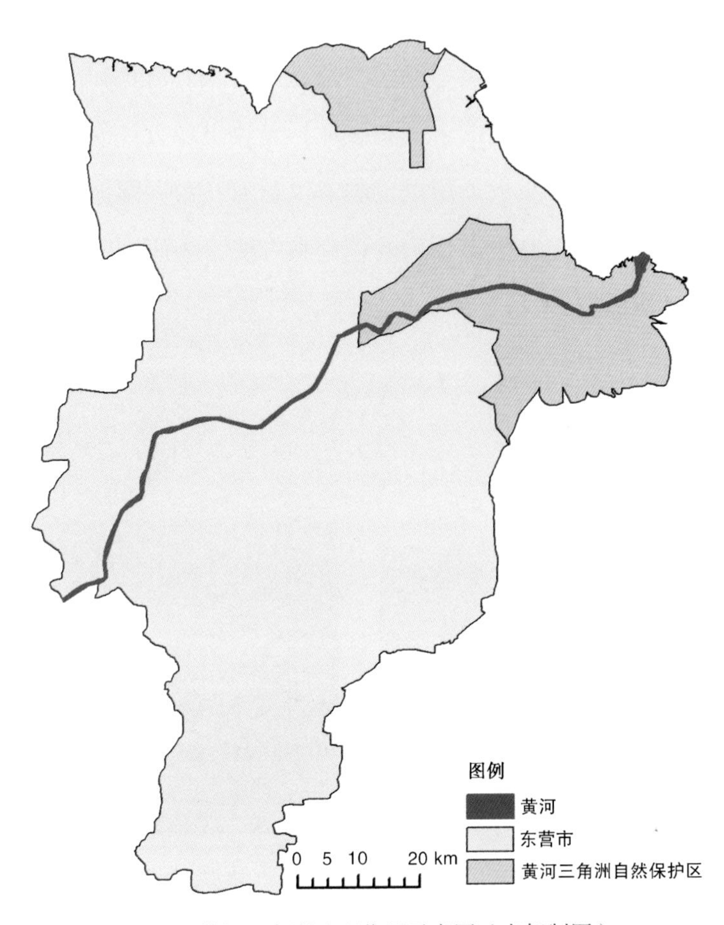

图 5.2　黄河三角洲地理位置示意图（李贺制图）

黄河三角洲地势总体平缓，南高北低，西高东低。西南部最高高程为 28m，东北部最低高程为 1m，自然比降为 1/12 000~1/8000，西部最高高程为 11m，东部最低高程为 1m，自然比降为 1/7000，现代黄河三角洲区域，其高程总体在 8m 以下。黄河三角洲地貌是由黄河多次改道和决口泛滥而形成的岗、坡、洼相间的形态，可以将其划分为岗阶地、河成高地、低洼地、河滩地、平地及滩涂地等 6 类 38 种类型（图 5.3）。

黄河三角洲国家级自然保护区内动物资源丰富，共有各种野生动物 1626 种。其中，鸟类 19 目 64 科 367 种；哺乳动物 7 目 15 科 25 种；两栖动物 3 科 6 种；爬行动物 6 科 10 种；鱼类 19 目 58 科 191 种。

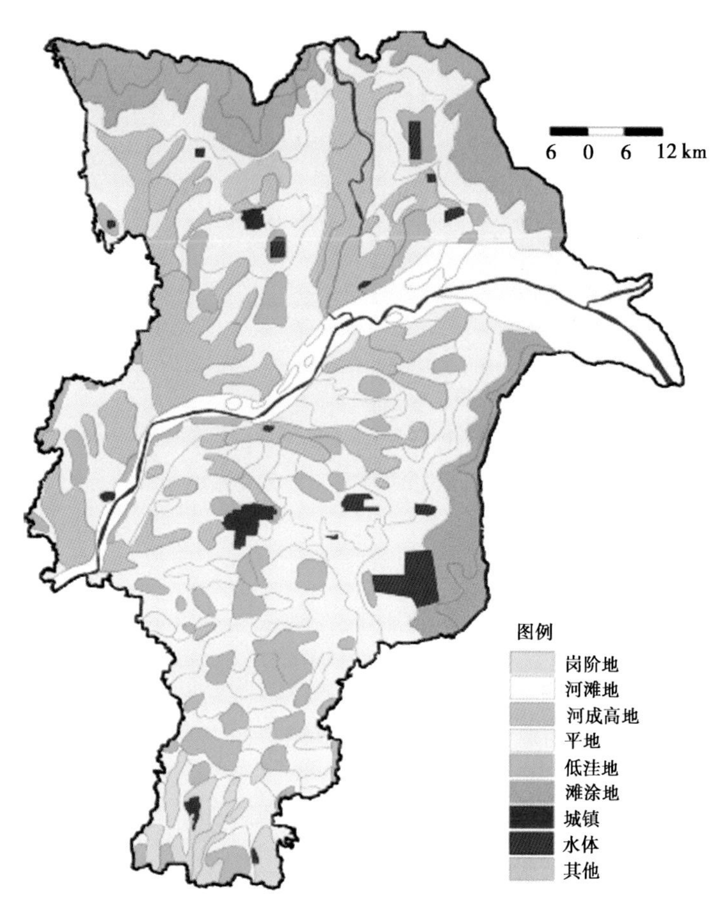

图 5.3 黄河三角洲地貌类型图（李贺制图）

鸟类主要以候鸟为主。典型的古北界鸟类有东方白鹳、大天鹅、丹顶鹤等。广布种代表种类有苍鹭、大白鹭、普通翠鸟、大杜鹃等。东洋种大多数为繁殖鸟类，如绿鹭、池鹭等。从季节居留型来看，有留鸟 45 种、夏候鸟 61 种、冬候鸟 54 种、旅鸟 202 种、迷鸟 5 种（图 5.4）。哺乳动物以中小型兽类为主，其中陆栖哺乳动物 5 目、海洋兽类 2 目。两栖动物共 6 种，其中古北种 2 种、广布种 3 种、东洋种 1 种，反映出自然保护区处于古北界与东洋界交错地带，两界动物种类的过渡区，广布种类占优势，带有浓厚的古北界特色。爬行动物 10 种，其中古北界 4 种、广布种 5 种、东洋种 1 种。鱼类 191 种，其中淡水鱼类 108 种、海洋鱼类 83 种。在所有目中，鲤形目鱼类种数最多，达 66 种；鲈形目为 47 种，它们是淡水鱼类的主体，反映出自然保护区淡水鱼类区系组成和全国鱼类区系组成的共同点（山东黄河三角洲国家级自然保护区官网）。

黄河三角洲新生而独具特色的自然环境孕育了丰富的植物资源。自然保护区共有各种植物 685 种，其中淡水浮游植物 291 种、海洋浮游植物 116 种、自然分布维管束植物 195 种、栽培植物 83 种。

图 5.4　典型鸟类丹顶鹤（黄翀摄）

黄河三角洲国家级自然保护区属暖温带落叶阔叶林区，区内无地带性植被类型，植被的分布主要受水分、土壤含盐量、潜水水位与矿化度、地貌类型的制约，以及人类活动的影响。植被类型少，结构简单，组成单纯。在天然植被中，木本植物很少，以草本植被为主，芦苇、翅碱蓬、荻及白茅构成了该地区的草甸层；在人工植被中，以农田植被为主（图 5.5）。

图 5.5　典型植被类型（李贺摄）

上：芦苇湿地；下：翅碱蓬湿地

从总体上来说，黄河三角洲地区自然生态与环境特征主要表现在：①自然生态与环境脆弱。黄河三角洲成土年幼，海拔低，易受海潮侵袭；另外，黄河自1855年决口，夺大清河在山东北部入海以来不断改道，造成黄河入海流路的不断摆动，破坏了当地的生态环境；而且黄河三角洲湿地位于海陆交界地带，其生态系统脆弱，抗干扰能力差，人类不合理的开发造成生态系统严重退化。②湿地生态系统特点明显。该地区有我国最年轻的湿地生态系统，原生植被的演替、土壤发育过程、鸟类生态环境及咸淡水交互作用系统，均具有很好的科学研究价值和维持生态平衡的作用。③物种多样性遭到破坏。该地区湿地面积广阔，生物多样性丰富，内陆湿地植被群丛多样，鸟类多样性丰富，重点保护鸟类种类多，种群数量大。但黄河来水量的锐减、人类不合理的开垦，以及以石油开采与石油加工为主的工业污染的加重，造成了该地区生态系统、生物种群和遗传基因多样性的丧失。因此，开展该区域的湿地生态健康评估，对于实施湿地保护具有较高的实用价值。

2. 湿地健康评估方法与数据

采用湿地健康指数（WHI）（P_{86}-P_{90}）对黄河三角洲国家级自然保护区WHI进行评估。

在9个目标层的数据搜集过程中，通过搜集东营市统计年鉴、东营市统计公报、《中国渔业统计年鉴》、黄河三角洲国家级自然保护区管理局统计数据、野外采样数据、黄河网水情日报、国家旅游局统计公告、中国动物主题数据库、中国植物物种信息数据库，以及相关的博士和硕士论文、期刊论文等，最终获得9个目标层的所有数据，具体来源参见附录4，各目标层数据值见表5.1。

表5.1　黄河三角洲国家级自然保护区WHI评估衡量指标值及计算值

序号	目标	子目标	衡量指标	计算值	参考状态	计算值
1	食物供给	捕捞业	Y_{fi}	94 415t	Y_{fm}	241 854t
		养殖业	Y_{ci}	3.37t/hm^2	Y_{cm}	8.87t/hm^2
2	水量平衡		Q_i	133.6 亿 m^3	Q_m	282.5 亿 m^3
3	碳储存		C_i	1 547.12g C	C_m	10 267.37g C
4	防灾减灾		Cr_1	70 969hm^2	Cr_2、A_t	58 867hm^2、86 661hm^2
5	旅游休闲		T_r	2.9%	T_{rmax}	3.82%
6	生计与经济	生计	F_c	2.06%	F_{emax}	4.23%
		经济	GDP_a	67.77 万元 /km^2	GDP_{amax}	85.24 万元 /km^2
7	地方感	永久性特征	$WL\%$	35.8%	$WL\%_r$	43.5%
8	洁净的水		WQ_i	2 级	WQ_{max}	6 级
9	生物多样性	物种多样性指数	S_i	265	S_0	153 000
		栖息地指数	A_i	125 059hm^2	A_0	129 552hm^2

3. 湿地健康评估结果

通过数值计算，最终得到根据黄河三角洲国家级自然保护区湿地健康指数各评价目标分值（表 5.1），在此基础上进行计算，得到各指标的 WHI 值（图 5.6）。可以看出碳储存的得分最低，仅有 19.4 分，主要原因在于该地区主要以草本植物为主，固碳能力远低于全国的其他滨海保护区域，造成该项目的得分最低。此外，食物供给中的捕捞业和养殖业得分都较低，主要原因有两个：一是养殖模式，该地区水产养殖主要采用生态养殖等粗放养殖模式，规模大，单位产量低；二是气候，黄河三角洲地处温带半湿润大陆季风性气候区，年平均气温远低于杭州湾以南的区域，捕捞和养殖的鱼、虾、贝类生长相对较慢，造成其年平均单产要远远小于全国的最高养殖单产（28.27t/hm^2）。除了这 3 个指标外，水量平衡、生计和物种多样性指数的生态健康指数得分也都未超过 60 分，分别为 47.3 分、48.80 分和 53.42 分；与此相反，在这些指标中，地方感永久性特征、洁净的水和栖息地指数的得分都超过 80 分，特别是栖息地指数，因近年来保护成效明显，栖息地指数得分达到了 96.53 分。

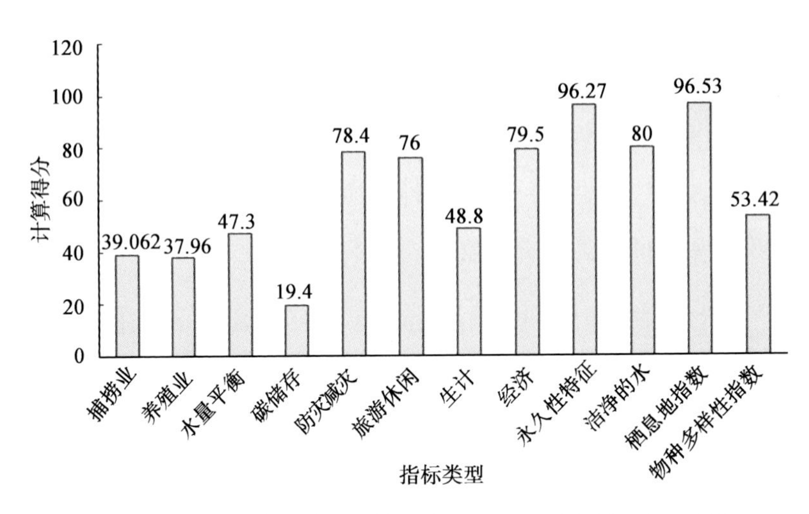

图 5.6 黄河三角洲国家级自然保护区 WHI 评估衡量指标计算值

通过计算最终的生态系统健康指数，得出 9 个目标层中，仅食物供给、水量平衡和碳储存 3 个指标的得分低于 60 分，分别为 38.5 分、47.3 分和 19.4 分，因此后期应加强对这三个方面的开发，提高其相应得分；其余各指标的得分都在 60 分以上，特别是地方感和洁净的水两项指标的得分均不低于 80 分，其中地方感的植被保护率得分高达 96.3 分。研究采取均等权重的方式进行计算，得到最终的黄河三角洲自然保护区湿地生态系统健康评估结果，其总体得分为 63.9 分，健康状况相对较好，详细结果见表 5.2。

表5.2　黄河三角洲国家级自然保护区生态系统健康评估结果

序号	目标	分值
1	食物供给	38.5
2	水量平衡	47.3
3	碳储存	19.4
4	防灾减灾——洪水调节能力	78.4
5	旅游休闲	76
6	生计与经济	64.2
7	地方感	96.3
8	洁净的水	80
9	生物多样性	75.0
	湿地健康指数（WHI）	63.9

4.小结与讨论

以保护黄河口新生湿地生态系统和珍稀濒危鸟类为主的黄河三角洲国家级自然保护区是我国最大的河口三角洲自然保护区，其湿地生态系统健康评估对我国乃至全球其他河口三角洲湿地具有重要意义。本研究以黄河三角洲湿地为研究对象，采用层次分析的方法，构建了该区域湿地生态系统健康评估指标体系，通过选取各评价指标均等权重的方式，对湿地的健康状况进行了评价。结果表明黄河三角洲国家级自然保护区湿地生态系统健康评估总体得分为63.9分，健康状况相对较好，但仍有很大的提升空间，特别是如下几点。

（1）在食物供给方面，黄河三角洲区域具有广阔的滩涂湿地，应进一步加强保护管理力度，制定科学保护措施，不断提高湿地质量，丰富湿地生物多样性，切实提高湿地保护成效；同时要加强现有水产养殖区的科学养殖水平，提高养殖单产，为进一步提高湿地生态系统健康提供坚实的食物供给基础。

（2）在水量平衡方面，随着黄河入海年径流量的减少，如何合理利用有限的淡水资源来提高湿地的水文健康状况，也是后续急需考虑的关键问题。

（3）在碳储存方面，保护区内大面积裸滩涂的固碳能力较弱，后期可以考虑制定相关措施，进行芦苇湿地恢复，增加保护区内湿地的固碳效果，提高其在碳储存方面的能力。

总体上讲，本研究在黄河三角洲湿地生态系统健康评估上具有良好的适用性，为进一步保护黄河三角洲湿地的生态系统健康提供了一定的科学依据。

二、辽河口湿地保护与恢复[①]

湿地是水体和陆地之间的自然过渡地带，是典型的生态交错区和世界范围内广泛分布的一种具有较高生物生产力和丰富生物多样性的自然景观，含多种生态功能和社会价值（殷书柏等，2014）。湿地生态系统不仅为人类的生产、生活提供多种丰富的资源，而且具有巨大的环境调节功能和生态效益。然而，随着人类社会不断发展，大量的人类活动使湿地资源严重受创，主要体现在湿地类型、面积不断减少，生物多样性逐步丧失，湿地生产力及环境净化能力日益下降等（韩大勇等，2012）。随着人类对湿地生态环境功能认识的不断深入，对湿地遭受的威胁及生态安全问题进行生态恢复、重建已成为国际上众多学者关注的热门研究领域（张绪良，2006）。分析目前湿地存在的问题，提出保护恢复策略使其不至于进一步恶化关系到区域经济发展、国家水安全、生态安全甚至全球生态安全，意义重大。

辽河口湿地位于渤海辽东湾的顶部、辽河三角洲中心区域，主要由芦苇沼泽、水稻田和潮间带滩涂组成，也是我国辽河油田主要采油场的分布区和稻田、虾蟹田重要分布区（关道明，2012；恽才兴，2010）。近年来，受区域资源开发等人类活动的影响，辽河口湿地出现生态系统脆弱、生态功能衰退等问题，导致芦苇湿地面积逐渐萎缩、滩涂面积逐渐减少、黑嘴鸥等重要鸟类繁殖栖息地环境恶化、生态系统净化功能显著下降（裴绍峰等，2015）。因此，辽河口湿地保护、恢复工作迫在眉睫。

以辽河口湿地为例，指明湿地生态系统存在的问题，针对问题提出相应的保护、恢复措施，评估保护、恢复成效，以及提出不足之处和后续还应进一步开展的相关工作，从而为湿地打造良好的自然生态景观。

1. 辽河口湿地概况

辽河口湿地地处渤海辽东湾，为中国七大江河之一的辽河水系入海口。辽河流域跨越吉林、河北、内蒙古、辽宁四省（区），全长 1396km，流域面积为 21.9 万 km^2，辽河在盘锦市注入渤海，浑河、太子河汇合后称大辽河在营口和盘锦两市之间注入渤海，一般所说的辽河口湿地大多指大凌河与大辽河之间包括辽河两支入海所形成的河口湿地（肖笃宁等，2005）。因此，辽河入海口区包括盘锦市的双台子区、兴隆台区、大洼区和盘山县，以及营口市的市区、老边区和锦州凌海市的沿海区域。

① 本节作者：刘宇、段后浪

辽河口湿地属北温带大陆性季风气候，四季分明，年平均气温 8℃左右，年平均降水量为 611~640mm。湿地属于地势平坦的冲海积 – 冲洪积平原，位于辽河平原南部边缘区。辽河下游河道变化无常，泥沙堆积作用强，在入海处形成三角洲和河口沙洲。在辽河河口至 5m 等深线间，分布着规模不等的水下堆积体，堆积物以砂质和细砂为主，涨潮时淹没，退潮时露出。本区地貌类型为冲积海积相滨海平原，地势平坦、开阔，海拔为 0~4.0m，地面坡降 0.02%，河道明显，多苇塘泡沼和海域滩涂。湿地的成土物质主要由河水携带的大量泥沙沉积而成，土壤以沼泽土、盐土、潮滩土为主。

辽河口湿地是重要的生物多样性热点，辽宁辽河口国家级自然保护区就位于此地（图 5.7）。区内植物种类少，木本植物少，草本植物多，湿生耐盐植物多，中生植物少，芦苇群落是最重要的植被类型。植物群落的分布主要受地形控制：地势稍高、积水时间较短的地方以草甸芦苇为主；季节性积水或长期积水的地带，芦苇群落中混杂翅碱蓬等植物。入

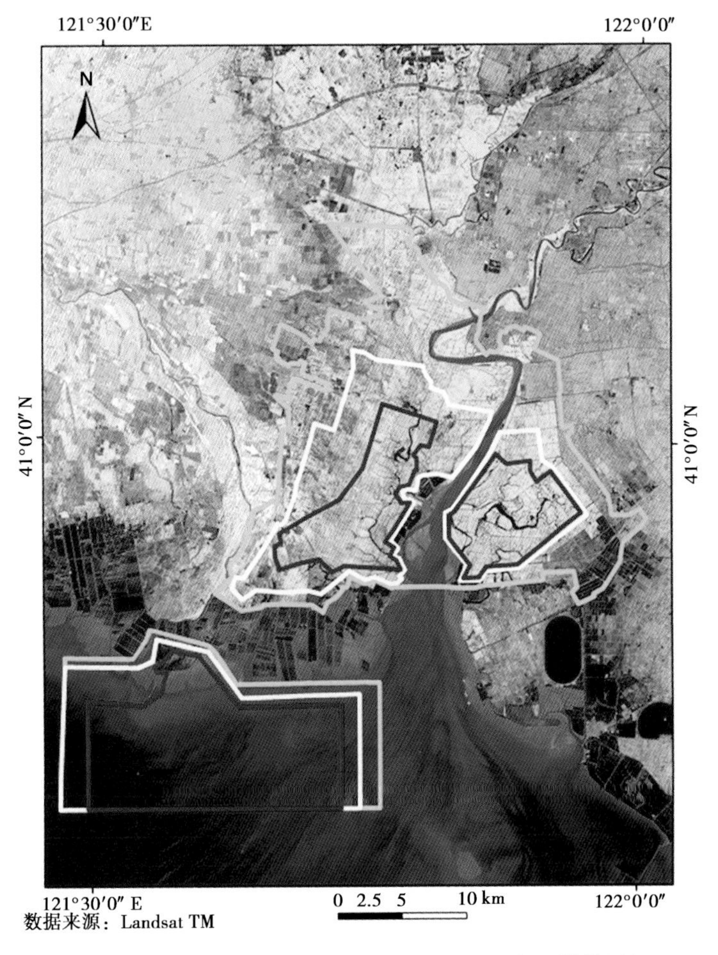

图 5.7　辽河口国家级自然保护区位置图（李玉祥供图）

红线内的区域为核心区，红线与黄线之间为缓冲区，黄线与翠绿线之间为实验区

海河水与海水对盐度的调控主导了辽河口湿地植被分布格局的动态变化：入海淡水多则芦苇生长范围外推；海水上升推高盐度则碱蓬等耐盐植物扩张。辽河口湿地还是珍稀水禽的重要栖息地，包括丹顶鹤（*Grus japonensis*）、白鹤（*Grus leucogeranus*）、白头鹤（*Grus monacha*）及黑嘴鸥（*Larus saundersi*）等国家一级重点保护鸟类，辽河口湿地动物资源信息见专栏 5.1。

专栏 5.1　辽宁辽河口湿地动物资源

辽宁辽河口湿地分布有脊椎动物 137 科 444 种。

兽类 7 目 10 科 18 种，主要有草兔（*Lepus capensis*）、草原黄鼠（*Citellus citellus*）、黄鼬（*Mustela sibirica*）、艾虎（*Mustela eversmanii*）、斑海豹（*Phoca largha*）等，辽河口入海口处是斑海豹重要的繁殖区之一，每年有近 300 头斑海豹洄游栖息或产仔。

鸟类 17 目 60 科 289 种，包括水禽 144 种、非水禽 145 种。国家一级重点保护鸟类有东方白鹳（*Ciconia boyciana*）、黑鹳（*Ciconia nigra*）、丹顶鹤、白鹤、白头鹤、遗鸥（*Larus relictus*）等 9 种；国家二级重点保护鸟类有白琵鹭（*Platalea leucorodia*）、黑脸琵鹭（*Platalea minor*）、大天鹅（*Cygnus cygnus*）、鸳鸯（*Aix galericula*）、白枕鹤（*Grus vipio*）、灰鹤（*Grus grus*）、小杓鹬（*Numenius minutus*）等 39 种。这里是黑嘴鸥繁殖分布的最北限和最大面积的繁殖地，是野生丹顶鹤繁殖分布的最南限和最重要的迁徙停歇地，也是丹顶鹤越冬分布的最北限。

鱼类 20 目 56 科 125 种，主要种类有鲤鱼（*Cyprinus carpio*）、草鱼（*Ctenopharyngodon idellus*）、鲢鱼（*Hypophthalmichthys molitrix*）、鲶鱼（*Silurus asotus*）、中华多刺鱼（*Pungitius sinensis*）、小黄鱼（*Pseudosciaena polyactis*）、白姑鱼（*Argyrosomus argentatus*）、带鱼（*Trichiurus lepturus*）等。

两栖、爬行动物 12 种，均属无尾目和有鳞目，如中华大蟾蜍（*Bufo gargarizans*）、花背蟾蜍（*Bufo raddei*）、黑斑蛙（*Rana nigromaculata*）、北方狭口蛙（*Kaloula borealis*）、无蹼壁虎（*Gekko swinhonis*）、红点锦蛇（*Elaphe rufldorsfa*）、虎斑游蛇（*Rhabdophis tigrinus*）等。

（资料来源：盘锦市湿地保护管理中心，2017 年）

2. 所面临的威胁

辽河口湿地是以芦苇沼泽及潮间带滩涂为主的自然湿地，分布着亚洲第一大苇场；该区也是珍稀水禽重要的繁殖栖息地，其中黑嘴鸥占全球黑嘴鸥种群数量的70%以上；同时区域滩涂沼泽湿地蛤蜊岗盛产文蛤、四角蛤蜊、毛蚶、蓝蛤等天然贝类资源，被誉为中国最美的六大湿地之一。近年强烈的陆海作用和高强度的人为开发使辽河口湿地生态环境问题日益突出。主要表现为：围垦、不合理的滩涂养殖引发湿地翅碱蓬、芦苇湿地面积迅速萎缩，覆盖度显著下降，间接破坏了黑嘴鸥的繁殖栖息环境；工业污染（图 5.8）、上游污染、入海污染物增加和人为干扰导致水质恶化，使得蛤蜊岗贝类资源产量降低（尹海，2014）。

图 5.8　辽河口海域石油开采人工岛（李晋供图）

3. 湿地保护与恢复

针对以上辽河口湿地存在的生态安全问题，进行生态保护与恢复工作，主要包括退养还滩，恢复天然滩涂；芦苇湿地生态修复；黑嘴鸥栖息地恢复；可持续发展的贝类产业——辽宁盘锦蛤蜊岗湿地保护 4 个方面。

1）退养还滩、恢复天然滩涂

滩涂是处于海洋与陆地交联处的湿地生态系统（彭建和王仰麟，2000），具有丰富的生物多样性和较高的生产力，也是人类最早成功开发和利用的海域。目前，我国的滩涂开发以养殖业为主，且养殖面积和养殖种类逐年增加。然而，随着养殖历史的延长、养殖种类的增加和养殖规模的扩大，滩涂养殖导致湿地环境日趋恶化，致使很多养殖滩涂发生退化现象，生产能力严重降低，从而影响了湿地生态系统整体物质循环和能量流动。

辽河口湿地是以芦苇沼泽及潮间带滩涂为主的自然湿地。近年来区域湿地滩涂大多被用来从事养殖业，不合理的滩涂养殖破坏了该区域的生态环境，造成该区植被面积、鸟类栖息地面积缩减，以及鱼、虾、蟹产量大幅度降低。

针对以上问题，盘锦市海洋与渔业局辽河口生态经济区分局在盘锦市辽河口海域开展了系列退养还滩工作，决心改善区域周边的生态环境。项目主要从水文修复和碱蓬种植两方面进行，疏通堵塞潮水通道，降低长时间积累在滩面上的土壤盐分，打造适宜碱蓬生长的良好环境。同时采取多种碱蓬种植模式，拓宽种植区域，营造湿地红树林。

通过以上工作的开展，该区域湿地滩涂面积得到提升，碱蓬面积得到扩张，之前因不合理的滩涂养殖带来的环境污染也进一步得到改善。

2）芦苇湿地生态修复

辽河口芦苇沼泽湿地是我国生物多样性最丰富的地方，其中，芦苇面积占据较大。芦苇湿地价值丰富，主要分为直接和间接两个方面。区内芦苇湿地鱼、虾、蟹资源丰富，经常有游客到此地品尝，芦苇湿地还具有降低水中污染物、净化水质的功能。

然而，湿地滩涂养殖业的发展严重制约了芦苇的生态效益。由于滩涂养殖带来的水质污染，造成大面积芦苇死亡，在减少当地芦苇资源的同时，也进一步削弱了芦苇所带来的生态价值。

针对上述情况，近年来由中国地质调查局滨海湿地生物地质重点实验室与盘锦市湿地科学研究所共同开展了一系列的芦苇退化湿地的生态修复工程，以期恢复辽河口湿地芦苇生态环境。项目主要通过搜集历史资料，分析芦苇湿地退化的原因；根据芦苇的生长习性，创建芦苇湿地示范区；搭建修复工程进行芦苇苗培育（裴绍峰等，2015）。

通过开展以上工作，在一定程度上增加了芦苇的产量，示范区内芦苇生物量明显提高（图 5.9）。

3）黑嘴鸥栖息地恢复

辽宁辽河口国家级自然保护区总面积为 8 万 hm^2。区内湿地由辽河、大辽河、大凌河等诸多河流冲积而成，以芦苇沼泽、河流水域和浅海滩涂、海域为主，是丹顶鹤、黑嘴鸥等珍稀水鸟的栖息地，是以保护滨海湿地生态系统为主的湿地类型自然保护区。

黑嘴鸥（*Larus saundersi*）隶属于鸻形目鸥科鸥属，属于世界濒危物种，目前，除少数种群在韩国繁殖外，其余均在中国东部繁殖，其中，盘锦辽河口湿地保护区的种群数量最多。受人类活动的影响，辽河口湿地生态环境逐渐恶化，能够适宜黑嘴鸥的生境面积也正在

图 5.9　芦苇湿地生态修复区（段后浪摄）

逐步缩减。

针对以上情况，通用汽车（中国）投资有限公司和中华环境保护基金会联合赞助开展提升湿地环境，保护候鸟黑嘴鸥的项目。主要从控制水文条件及植被管理角度改善黑嘴鸥栖息地的生存环境。项目内容主要包括：根据黑嘴鸥的生态习性，合理控制其繁殖区水位、增加繁殖地的面积及生态安全；通过水来控制繁殖地植被，使得植被生长能够不阻碍黑嘴鸥的繁殖需求。

通过开展多年的项目活动，辽河口湿地黑嘴鸥栖息地的生境质量得到提升，其种群数量有明显增加，区内仅辽河口保护区黑嘴鸥数量就增加了近千只（雷光春等，2017）。

4）可持续发展的贝类产业——辽宁盘锦蛤蜊岗湿地保护

盘锦蛤蜊岗为一片离岸的水下沙洲，涨潮为海，落潮为滩。因该区多产文蛤、四角蛤蜊、毛蚶、蓝蛤等贝类，“蛤蜊岗”的名称由此而来。蛤蜊岗约 1.59 万 hm^2 的面积被海域占领，海域水质肥沃，海中的浮游生物尤其是浮游植被为滩涂贝类生长发育带来了很多优质食料，因此该区形成了巨大的贝类蕴藏量，蛤蜊岗也一度成为盘锦经济的主要支柱。然而，蛤蜊岗保护区受周围生境恶化和产业状况危机影响，该区潮间带物种多样性锐减，尤其是滩涂贝类产量严重降低，导致当地经济出现滞后。

上述问题引起当地政府高度重视，在该区域湿地大力实施滩涂贝类恢复战略和规范滩涂养殖技术。一方面，针对蛤蜊岗的现状，将其交给民营企业承包经营，承包企业于 2011~2013 年陆续投入大量蛤蜊苗，采取只投苗不采捕的方式，保证各种苗类的健康生长；另一方面，综合考虑蛤蜊岗滩涂的水质、海区生物组成等一系列关键要素，将其按照不同比例划分成贝类养殖区、保护苗种区等不同开发区域，搭配规模化、集约化的经营方式，同时开展一系列养殖区生境绿化工作，促进该区域贝类产业的良性发展。

通过开展上述项目活动，近些年蛤蜊岗滩涂贝类产量得到了恢复，滩涂养殖周边的生态环境也有较大改善（雷光春等，2017）。

4. 湿地健康评估结果

为检验以上辽河口湿地保护与恢复效果，采用湿地健康指数（WHI）（P_{86}–P_{90}）对 2015 年辽河口湿地健康状况进行评估。其中 9 个目标层各自的子目标、衡量指标及数据来源见附录 5。

通过计算，得到辽宁辽河口国家级自然保护区目标层下各子目标的衡量指标值和参考状态值（表 5.3），由此计算得到各目标层指标得分（图 5.10）。总体上 9 个目标层得分均值为 63.8 分，2015 年辽河口湿地生态系统达到健康状态，活力比较强，湿地变化比较小，无生态异常且系统尚稳定。单项指标上，生计与经济（反映与湿地相关的生产活动所提供的工作机会，以及所带来的经济增长）及生物多样性（区域动植物物种多样性的直接衡量指标）指标得分分别为 100 分和 67.9 分，也验证了保护工作的成效。但旅游休闲、水量平衡、洁净的水目标层得分均不到 30 分，处于不健康状态。一方面辽河口近年来大范围的石油开采，严重污染湿地淡水水源，导致淡水水资源短缺、水质变差；另一方面虽然近些年湿地开展了相关退养还滩工作，但不合理的滩涂养殖业依然存在，大范围的虾田开垦和海参养殖排出的污染物超出海域的稀释自净能力，影响周边海域环境，导致海洋水质富营养化。

表5.3　辽河口湿地WHI评估指标体系表

序号	目标	子目标	衡量指标	计算值	参考状态	计算值
1	食物供给	养殖业	Y_{ci}	100t/hm^2	Y_{cm}	100t/hm^2
2	水量平衡		Q_i	1.00 亿 m³	Q_m	6.66 亿 m³
3	碳储存		C_i	1700g C	C_m	1745g C
4	防灾减灾		ΔW_i	76.3	ΔW_m	75.4
5	旅游休闲		T_r	0.54%	T_{rmax}	4.73%
6	生计与经济	生计	F_e	100%	F_{emax}	100%
		经济	GDP_a	100 万元 /km²	GDP[illegible]	100 万元 /km²
7	地方感	永久性特征	$WL\%$	35.8%	$WL\%_r$	43.5%
8	洁净的水		WQ_i	2.7	WQ_{max}	10
9	生物多样性	物种多样性指数	S_i	191	S_0	53 637.3
		栖息地指数	A_i	96 813.8hm^2	A_0	98 823.3hm^2

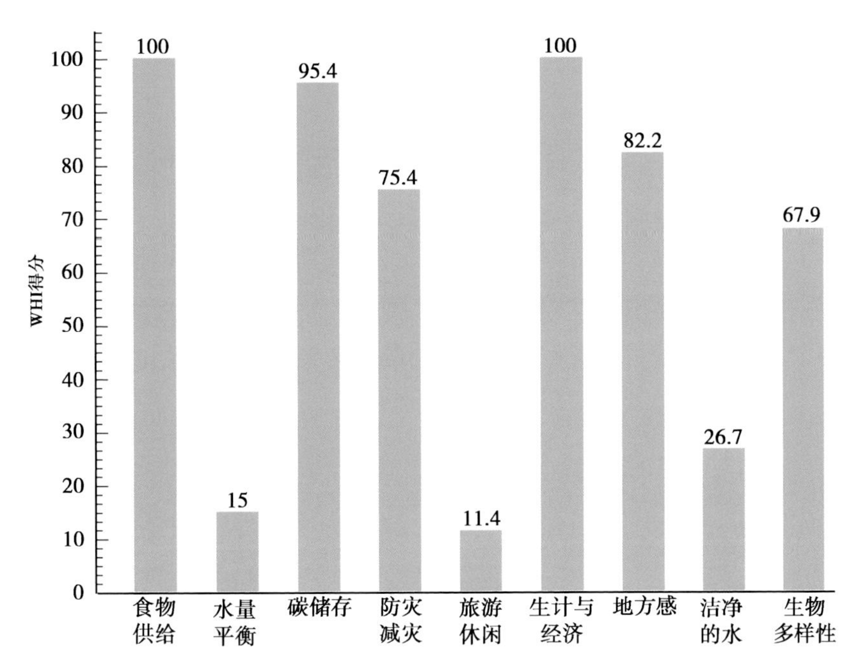

图 5.10　辽宁辽河口国家级自然保护区 WHI 评估单项指标得分

5. 小结与讨论

根据辽河口湿地生态系统存在的生态退化问题，有针对性地从退养还滩，恢复天然滩涂；芦苇湿地生态恢复；黑嘴鸥栖息地恢复；可持续发展的贝类产业——辽宁盘锦蛤蜊岗湿地保护4个方面进行保护与恢复，并用2015年辽河口湿地健康指数评估了保护与恢复的效果，总体上辽河口湿地健康指数分值达63.8分，处于健康状态，可见保护与恢复工作有成效，但单项指标上，该区域淡水资源短缺、水污染情况较为严重，后续可从以下几个方面加以解决。

（1）继续加大退养还滩工作力度，对已经获得土地使用权的滩涂用地，海洋与渔业部门需按照海域使用的相关规定依法收回，对上述开展的退养还滩工作应进行人工巡护，保证工作有序、有效地开展下去；在植被修复阶段，应根据该区芦苇湿地和翅碱蓬湿地的不同生态特征，选取一定面积的土壤盐分在1%以下的退化滨海盐沼湿地创建芦苇湿地示范区，于一定面积的土壤盐分在1%以上的潮滩裸地创建翅碱蓬湿地示范区，并且综合利用植被修复技术、微生物修复技术、环境水文地质学、生态系统调控技术、物理和化学修复技术等交叉学科知识从湿地基质、水文过程、水环境、湿地生物与生境等4个方面对滨海湿地进行修复工程建设和实用修复技术探讨（裴绍峰等，2015）。

（2）在原有开展的辽河口湿地生态保护与恢复工作基础上，控制石油开采规模、规范开采的方式。严格控制污水直接进入河流注入辽东湾，进行水质不定期监测，严禁污水灌溉苇田，污染苇田环境。在污染湿地的岸边、油井周围搭建园林，保护周边的水源环境（林倩等，2010）。

（3）恢复湿地水文条件，首先，采取污水处理技术处理各种水体污染物；其次，加大水资源的循环利用，开展系列水资源节约工程，进行节水工作。

第六章 结论与建议

本章主笔作者：于秀波、张立；共同作者：周杨明、夏少霞、姜鲁光

一、主要结论

结论1：滨海湿地保护逐渐形成了从政府到研究机构、NGO社会团体及公众层面的广泛关注和参与，推进了滨海湿地保护进展。

滨海湿地相关研究加深了社会公众对滨海湿地价值和重要性的认知，促进了滨海湿地的保护。中央全面深化改革领导小组审议通过了《湿地保护修复制度方案》《海岸线保护与利用管理办法》，国家林业局、国家发展和改革委员会等部门制定了《全国湿地保护“十三五”实施规划》《贯彻落实〈湿地保护修复制度方案〉的实施意见》，国家海洋局制定了《关于加强滨海湿地管理与保护工作的指导意见》，相关省（自治区、直辖市）也相继出台了《湿地保护修复制度实施方案》，沿海 9 个省（自治区）颁布了湿地保护管理条例。这些政策、规划与方案的制定与实施，体现了中央政府高层、林业、海洋、国家发展和改革委员会等主管部门，以及地方政府对湿地保护工作的重视，为滨海湿地保护提供了良好的机遇。

过去两年来，我国在滨海湿地保护行动中取得长足进步。例如，大批湿地保护工程在国际重要湿地、国家级自然保护区、海洋特别保护区和国家湿地公园相继实施，取得显著的湿地保护与修复成效。上海市政府投资开展崇明东滩互花米草入侵治理，达到了预期目标，为滨海湿地互花米草治理提供了技术模式。针对东部沿海地区乱捕、滥猎、滥食和非法经营候鸟等违法犯罪活动，国家林业局、国家工商行政管理总局等七部门联合开展了“清网行动”，天津、河北、浙江、广西等省（自治区、直辖市）采取了果断行动。

在滨海湿地保护研究、监测和公众参与方面，国家湿地主管部门、非政府组织、科研院所和社会公众之间的联动和互动发挥着越来越重要的作用。例如，中华人民共和国国际湿地公约履约办公室、保尔森基金会与中国科学院地理科学与资源研究所共同开展了“中国滨海湿地保护管理战略研究”项目，联合发布了研究成果。国家林业局湿地保护管理中心、保尔森基金会与沿海 11 个省（自治区、直辖市）林业（湿地）主管部门共同发起并成立了“中国沿海湿地保护网络”。深圳市探索以政府购买 NGO 服务的途径来保护滨海湿地，将福田红树林生态公园委托给深圳红树林湿地保护基金会，面向公众负责自然教育与科普宣传。阿拉善 SEE 基金会与国内草根 NGO 合作，在沿海湿地保护空缺区开展湿地巡护、水鸟调查、自然教育和宣传行动。湿地国际与科研单位、自然保护区合作开展黄渤海水鸟同步调查。上述联动有效地推进了滨海湿地保护进展。

结论2：滨海湿地依然面临严重威胁，一些具有重要生态功能和生态价值的湿地并未得到有效保护。

本报告通过社会广泛征集和专家评审确定了最值得关注的十块滨海湿地，涵盖滩涂、红树林、海草床等重要湿地类型，在生物多样性和生态系统完整性保护方面具有重要意义。然而，与这些湿地的重要性相对应的是其依然面临的严重威胁，大部分处于未受保护状态。一是基建占用、房地产开发等行为导致潮间带滩涂湿地丧失，以天津、河北沿线及江苏盐城、南通和连云港等区域形势最为严峻。二是随着工业设施建设、旅游开发等活动的增加，湿地的人为干扰加剧，如盘锦红海滩旅游观光、唐山菩提岛旅游度假村等的开发，破坏了候鸟的栖息地。三是外来物种入侵严重，特别是互花米草的蔓延趋势难以得到有效控制，尽管在上海崇明东滩等地开展试点，但仍未得到有效推广。目前，互花米草向北已扩展到河北、天津等地。四是沿海海参养殖造成的药物污染及化工厂排放的污水在辽宁盘锦、唐山菩提岛、江苏如东和连云港、海南文昌等地比较严重。

由于滨海湿地主要分布在沿海人口相对集中和经济相对发达的省份，经济发展和湿地保护存在冲突，开展全面保护的难度高。然而，随着国家相关政策的实施，在地方政府、研究机构、NGO 组织及当地社区的参与下，未来这些湿地可能存在保护与发展的新契机。例如，国家退养还滩工程已在盘锦辽河口开展，沿海湿地保护体系正在逐渐健全，河北滦南、江苏如东等地将筹建省级保护区，天津北大港、江苏临洪口实施湿地公园试点，在天津汉沽等地已经探索了“政府 + 民间”的保护模式。

结论3：滨海湿地的健康状况不佳，34%的国家级湿地自然保护区处于亚健康状态，沿海11个省（自治区、直辖市）湿地总体处于亚健康状态。

湿地健康指数（WHI）是一个评估湿地生态系统为人类提供生态系统服务的能力及其可持续性的综合指标。作为一种科学严谨的指数，湿地健康指数可揭示湿地健康的变化及趋势，可从不同的时间和空间尺度对湿地生态系统健康进行评价和比较，从而促使政府、企业和公众等共同努力改善和保护滨海湿地。

根据本项目评估，沿海 35 个国家级自然保护区湿地健康指数评估平均得分为 63.6 分，整体达到健康状态，但是健康水平有待进一步提高。从 35 个保护区 WHI 得分分布来看，处于很健康状态的保护区仅有 1 个（占 3%），大部分保护区处于健康（占 63%）或亚健康（34%）状态。在处于健康状态的 22 个保护区中，WHI 得分高于 70 分的只有 6 个，仅占总数的 22%；其余 73% 的保护区 WHI 得分为 60~70 分，处于健康的低值区域，必须重视对这些保护区的管理，防止其从健康状态转变为亚健康状态。在处于亚健康状态的 12 个保护区中，WHI 得分低于 50 分的保护区只有 1 个，其余 11 个保护区 WHI 得分为 50~60 分，处于亚健康状态的高值区；这些保护区的湿地生态系统所受外界压力较大，接近湿地生态阈值，敏感性强，已有少量的生态异常出现，可发挥基本的湿地生态功能，但极易转变为不健康状态；对这部分处于亚健康状态的保护区，必须加强管理，在防止其健康状况进一步恶化的同时，力争使其转变为健康状态。

从 9 个单项评估指标看，沿海 35 个国家级自然保护区的食物供给（83.6 分）、生物多样性（72.2 分）、生计与经济（70.7 分）、水量平衡（64.2 分）、防灾减灾（61.6 分）、洁净的水（60.7 分）6 项功能得分相对较高，这意味着这些区域具有良好的栖息环境和丰富的物种资源，生物资源对当地居民生计起到了较好的基础性支撑作用。同时，这些区域的湿地处于严格的保护状态，具有良好的灾害调节、水质调节功能。但是，碳储存（58.6 分）、地方感（55.2 分）和旅游休闲（45.9 分）3 项功能的得分都低于 60 分，这意味着我国沿海湿地的保护状况并不理想，湿地仍在多个方面受到人类活动的威胁。

沿海 11 个省（自治区、直辖市）湿地健康指数评估平均得分为 59.2 分，整体处于亚健康状态。11 个省（自治区、直辖市）的 WHI 得分分布上，有 7 个保护区得分为 50~60 分，处于亚健康状态，占总数的 63.6%；这些省（自治区、直辖市）的湿地生态系统受到人类活动的影响比较大，生态系统服务功能已经处于弱可持续性的状态，易遭受外界干扰发生变化，退化风险很高。其余 4 个省（自治区、直辖市），WHI 得分为 60~70 分，处于健康状态的低值区域，必须重视对湿地的保护和可持续利用，防止其健康状态出现下滑。从各单项指标看，11 个省（自治区、直辖市）平均分较高的为食物供给、水量平衡、旅游休闲、地方感、生物多样性 5 个指标，且得分均大于 60 分；平均分最低的是生计与经济指标，为 29.4 分；碳储存、防灾减灾、洁净的水 3 个指标的平均得分为 40~60 分。

总体来看，沿海 35 个国家级自然保护区及 11 个省（自治区、直辖市）湿地整体健康状况并不理想，易从健康或亚健康状态演变成不健康状态，后期应分析导致其生态系统健康恶化的缘由，有针对性地加强保护。

结论4：我国滨海湿地保护面临经济发展与自然保护的矛盾与冲突，存在着许多深层次的体制、机制与政策等问题，造成许多保护政策难以“落地”。

改革开放以来，我国沿海地区经济得到了迅速发展，工业化和城市化水平不断提高，同时，沿海省份的湿地面积持续减少，特别是滨海湿地在“新区开发”的需求推动下，围填海的规模和速度超过历史上任何一个时期，经济发展与自然保护的矛盾与冲突日益加剧。

过去两年，在沿海 11 个省（自治区、直辖市）存在着“重视经济发展，轻视湿地保护”的倾向。例如，在新增自然保护区方面“裹足不前”，除了少数滨海湿地被列为保护小区外，没有新建省级自然保护区；在保护区升级方面（省级自然保护区晋升为国家级自然保护区，以及地市级自然保护区晋升为省级自然保护区）也是“步履维艰”，仅有广东南澎列岛由省级保护区晋升为国家级保护区，该湿地也被列入国际重要湿地。在国家的环保督查工作中，国家级和省级自然保护区是督查重点之一，在核心区和缓冲区的基础设施建设、旅游设施建设、生产经营活动被明令禁止和勒令整改，部分地方政府在生物多样性丰富和保护价值高的某些滨海湿地新建保护区或保护区晋级常常是“望而却步”。

与新增保护区和保护区晋级不同的是，沿海地区非常热衷新建国家湿地公园和国家海洋公园，主要原因是国家湿地公园和国家海洋公园许可一定程度的资源利用，特别是可以开展生态旅游等经营活动，并可以引入房地产开发、民间投资等。如何强化国家湿地公园和国家海洋公园在生物多样性和代表性生态系统保护中的有效性，依然是林业与海洋部门及沿海地区地方政府迫切需要解决的重要难题。

近年来，国家出台了许多加强湿地保护与修复的政策措施，也实施了“十二五”湿地保护工程，但总体上没有实现原定目标，湿地健康状况不佳，深层次的体制、机制与政策障碍是造成上述问题的根本原因。中央政府提出了“8 亿亩”湿地总量控制指标，但除了注重湿地保护面积，还应注重湿地质量，明确在哪里保护，以及如何保护等问题。对于如何保障“8 亿亩湿地总量管控目标”的政策落地，如何建立湿地保护修复的长效机制，仍面临着严峻挑战。

二、主要建议

建议1：分省份和区域进一步落实《湿地保护修复制度方案》，开展体制、机制创新试点，将滨海湿地保护落到实处。

湿地保护是生态文明建设的重要内容，事关国家生态安全，事关经济社会可持续发展。根据 2016 年 11 月国务院办公厅发布的《湿地保护修复制度方案》，我国实行湿地面积总量管控，到 2020 年，全国湿地面积不低于 8 亿亩，其中，自然湿地面积不低于 7 亿亩，新增湿地面积

300 万亩，湿地保护率提高到 50% 以上。同时，严格湿地用途监管，确保湿地面积不减少，增强湿地生态功能，维护湿地生物多样性，全面提升湿地保护与修复水平。为了实现上述目标，提出了建立分级管理体系、实行湿地保护目标责任制、健全湿地用途监管机制、建立退化湿地修复制度、健全湿地监测评价体系等一系列的配套制度措施。

我们建议应进一步细化湿地红线的具体原则、实施方案，分省份和区域开展滨海湿地健康状况评估，确定湿地的分布、面积，定量评估湿地的功能，根据湿地的重要性和受威胁因素等综合状况对湿地进行分级保护和管理。同时，在湿地“占补平衡”时，对“补”的湿地也应进行质量评估。

根据《湿地保护修复制度方案》的总体要求，进一步完善湿地保护修复的相关体制、机制和政策，在充分总结国内外成功经验的基础上，在沿海地区选择有代表性、典型性的县（市）和湿地，进行体制与机制创新试点，并将试点的经验和做法向其他地区推广。

建议2：对关注度高的十块滨海湿地尽快采取“抢救性”保护措施。

鉴于滨海湿地的重要性，我们认为应加强滨海湿地的监测、研究和保护行动。对关注度高的十块滨海湿地，借助国家开展湿地保护修复工程、退养还滩工程的契机，采取“抢救性”保护措施。以设立自然保护区、保护小区和国家湿地公园的形式将其纳入湿地保护体系，主要包括推动滦南湿地保护区、如东湿地保护区及小洋口、天津滨海新区、北大港、临洪口等湿地公园的建设。

同时，在以下方面开展湿地的保护和恢复行动：①对现有的滨海湿地围垦和填海计划进行再评估，对已围垦未开发的滨海湿地进行生态恢复，对退化的水鸟栖息地进行适宜栖息地改造；②合理控制养殖与捕捞强度，道路建设、工业设施建设的规划尽量避免破坏滨海湿地生物的重要栖息地。沿海的社区生计、旅游开发应尽量维持原生态环境及资源的可持续利用，尽量减少人工活动对湿地的干扰：③加强对互花米草的监测及入侵区物理治理和修复措施的实验研究，在沿海其他区域有效推广“崇明东滩治理模式”；④严格控制养殖和工业污染排放，采取措施消减和治理近海海域水体污染。

此外，应将滨海湿地水鸟、红树林和海草床等重要生物资源列入常规监测，特别是对之前缺乏关注的海草床、珊瑚礁等资源开展本底状况调查。对于辽宁辽河口、广东雷州湾等林业部门与海洋部门共管区域，应合力开展综合保护专项行动。同时，借鉴汉沽湿地“政府 + 民间”模式、深圳福田自然保护区的政府购买 NGO 模式的经验，积极明确政府、社区、NGO 社会团体在湿地保护中的责任权限，探讨湿地保护与生计的协调发展。

建议3：在滨海湿地保护中，地方政府应采取更有力的措施。

沿海 11 个省（自治区、直辖市）是滨海湿地集中分布区域，同时也是我国经济相对发达的地区，在湿地保护中应赋予地方政府更多的责任。沿海地方政府应提高对滨海湿地保护重要性的认识，处理好滨海湿地保护与社会经济发展的关系。目前，厦门、珠海等经济发达的沿海地区在海域使用管理方面，已经限制甚至停止了渔业养殖和捕捞，大大减缓了中华白海豚等国家一级保护动物的食物短缺，促进了海洋生物保护。

在滨海湿地围垦和填海工程项目批复上，应注重经济发展与湿地保护同行。重新评估并暂停实施已批复的滨海湿地围垦和填海工程项目。对已完成的围填海项目进行项目后评估，科学地分析其在经济、生态、生态文明建设方面的利弊。对已批准的滨海湿地围垦和填海计划进行再评估，严格限制新的滩涂围垦和填海工程审批，对已围垦但未开发的滨海湿地进行生态恢复，使其成为水鸟和其他野生动物的适宜栖息地。

沿海省（自治区、直辖市）应加大对海草床、珊瑚礁等代表性生态系统的保护力度。我国海草床和珊瑚礁的分布比较分散，面积不大，近年来面积持续减少，功能持续下降，亟待在河北、广东和广西等地新建自然保护区，扩大保护区范围或提升保护区级别，加强对代表性生态系统的保护力度。

建议4：在滨海湿地保护和恢复中，以适应性管理为框架将监测评估、科学研究及工程措施融为一体，实现基于科学的湿地管理。

滨海湿地保护除了法规、政策、规划等管理手段外，科技支撑也是一个必不可少的手段，其中自然资源适应性管理就是一种行之有效的方法。随着对自然资源开发、利用与保护认识的不断深化，国内外在实践中已经发展出了一种新的资源管理模式，即自然资源适应性管理模式。适应性管理在充分认识自然资源管理系统复杂性和不确定性的前提下，强调在资源管理的实践中不断增进人们对自然资源系统规律的认识，进而提升自然资源管理水平。适应性管理的过程实际上是由问题界定、方案设计、执行、监测、评估、管理改进六大要素构成的螺旋式管理循环。适应性管理将决策的执行作为科学管理的实验，以实验结果来检验管理计划中的假设，通过有效的监测评估，将科学研究和管理实践有机融为一体，不断从管理实践中获得新知，逐步降低管理中的不确定性，进而推动管理政策和实践不断优化。

为了促进湿地管理的科学化，实施适应性管理，必须对重大管理活动和关键湿地状态开展系统的监测与评估。与国际相比，中国在滨海湿地监测和数据资源整合方面相对滞后，数据资源缺乏，导致湿地健康评估结果存在一定偏差。我们建议应尽快制定滨海湿地监测指标体系与技术规范，对重要的滨海湿地开展持续的监测、研究，特别对已开展的工程措施（包括围垦或湿地保护和恢复工程），应开展工程前后的对比监测和研究，建立滨海湿地生物、环境、空间变化数据库平台，为滨海湿地保护与恢复及湿地健康评估提供科学数据。同时，以适应性管理为框架，将滨海湿地基础研究、退化生态系统修复关键技术研发与优化管理示范有机结合，为科学管理湿地提供可靠的技术支撑。

附　　录

附录1 35个国家级自然保护区一览表

保护区名称	所在位置	面积/hm²	保护对象	隶属部门
辽宁蛇岛老铁山国家级自然保护区	辽宁省大连市旅顺口	17 000	黑眉蝮蛇、蛇鸟等	环保
丹东鸭绿江口滨海湿地国家级自然保护区	辽宁省东港市	108 100	滨海湿地生态系统	环保
辽宁大连斑海豹国家级自然保护区*	辽宁省大连市	909 000	斑海豹及其生态环境	农业
大连成山头海滨地貌国家级自然保护区	辽宁省大连市	1 350	海滨岩溶地貌和珍稀鸟类	环保
辽宁辽河口国家级自然保护区*	辽宁省盘锦市	128 000	珍稀水禽和海岸河口湿地	林业
河北昌黎黄金海岸国家级自然保护区	河北省昌黎县	9 150	海岸自然景观	海洋
天津古海岸与湿地国家级自然保护区	天津滨海新区	27 730	古海岸遗迹	海洋
山东荣成大天鹅国家级自然保护区	山东省荣成市	1 675	濒危鸟类和湿地生态系统	林业
山东长岛国家级自然保护区	山东省长岛县	501 520	猛禽及候鸟栖息地	林业
山东黄河三角洲国家级自然保护区*	山东省东营市	153 000	湿地生态系统和鸟类	林业
滨州贝壳堤岛与湿地国家级自然保护区	山东省无棣县	80 480	贝壳堤岛、滨海湿地	海洋
江苏大丰麋鹿国家级自然保护区*	江苏省大丰市	78 000	麋鹿及其生境	林业
江苏盐城湿地珍禽国家级自然保护区*	江苏省盐城市	453 000	滩涂湿地生态系统和珍禽	环保
象山韭山列岛海洋生态国家级自然保护区	浙江省象山县	114 950	繁殖鸟类及岛礁生态系统	海洋
南麂列岛国家级海洋自然保护区	浙江省平阳县	20 106	潮间带中的贝类	海洋
上海崇明东滩鸟类国家级自然保护区*	上海市崇明区	24 155	迁徙鸟类	林业
上海九段沙湿地国家级自然保护区	上海市浦东新区	42 320	珍稀水鸟和河口湿地	环保

续表

保护区名称	所在位置	面积/hm^2	保护对象	隶属部门
福建深沪湾海底古森林遗迹国家级自然保护区	福建省晋江市和石狮市	3 400	海底古森林和牡蛎礁遗迹	海洋
厦门珍稀海洋物种国家级自然保护区	福建省厦门市	7 588	中华白海豚、厦门文昌鱼	海洋
福建漳江口红树林国家级自然保护区*	福建省云霄县	2 360	红树林和水产种质资源	林业
广东徐闻珊瑚礁国家级自然保护区	广东省徐闻县	10 900	珊瑚礁	海洋
广东雷州珍稀海洋生物国家级自然保护区	广东省雷州市	46 864	珍稀海洋生物及其栖息地	海洋
广东惠东港口海龟国家级自然保护区*	广东省惠东县	400	海龟	农业
广东珠江口中华白海豚国家级自然保护区	广东省珠江口	46 000	中华白海豚	农业
广东内伶仃岛—福田国家级自然保护区	深圳市福田区	815	猕猴、鸟类、红树林	林业
广东湛江红树林国家级自然保护区*	广东省湛江市	19 000	红树林	林业
广西山口红树林生态国家级自然保护区*	广西壮族自治区合浦县	8 000	红树林	海洋
广西北仑河口红树林国家级自然保护区*	广西壮族自治区防城港市	11 927	红树林	海洋
广西合浦儒艮国家级自然保护区	广西壮族自治区合浦县	35 000	儒艮和中华白海豚等	环保
海南东寨港国家级自然保护区*	海南省文昌市和海口市	2 500	红树林及水禽	林业
大洲岛国家级海洋生态自然保护区	海南省万宁市	7 000	金丝燕和海岛生态系统	海洋
三亚珊瑚礁国家级自然保护区	海南省三亚市	8 500	珊瑚礁及其生态系统	海洋
海南铜鼓岭国家级自然保护区	海南省文昌市	4 400	热带常绿季雨林及海蚀地貌	环保
广东南澎列岛海洋生态国家级自然保护区	广东省汕头市	35 679	岛屿及贝、藻类	海洋
福建闽江河口湿地国家级自然保护区	福建省长乐市	2 921	河口湿地及水禽	林业

* 为国际重要湿地

附录2 35个国家级自然保护区湿地健康指数评估结果

保护区名称	食物供给	水量平衡	碳储存	防灾减灾	旅游休闲	生计与经济	地方感	洁净的水	生物多样性	等权重总分
辽宁蛇岛老铁山国家级自然保护区	79.6	23.1	53.3	47.1	42.3	60.5	22.8	62.5	96.4	54.2
丹东鸭绿江口滨海湿地国家级自然保护区	41	36.3	54.2	50.6	25.5	54.4	100	80	73.6	57.3
辽宁大连斑海豹国家级自然保护区	NA	10.1	56.2	69.5	42.3	60.5	51	62.5	73.5	53.2
大连成山头海滨地貌国家级自然保护区	100	20.4	47.5	97.4	42.3	60.5	NA	62.5	57.7	61
辽宁辽河口国家级自然保护区	100	15	95.4	75.4	11.4	100	82.2	26.7	67.9	63.8
河北昌黎黄金海岸国家级自然保护区	60.9	NULL	49.8	48.2	87.3	41.6	NA	51.9	62.1	57.4
天津古海岸与湿地国家级自然保护区	100	32.8	39.5	39.3	88.6	84.7	27.8	60	54.6	58.6
山东荣成大天鹅国家级自然保护区	100	47.1	55.6	68.8	33.7	55.9	12.7	63	73.9	56.7
山东长岛国家级自然保护区	89.2	39.7	56.1	50	23.2	55.6	38.9	50.1	99.9	55.9
山东黄河三角洲国家级自然保护区	38.5	47.3	19.4	78.4	76	64.2	96.3	80	75	63.9
滨州贝壳堤岛与湿地国家级自然保护区	31.1	50.7	54.7	45.5	12.3	33.2	100	26.7	48.9	44.8
江苏大丰麋鹿国家级自然保护区	73	100	56.2	25	19.4	71.5	NA	60.7	78	60.5
江苏盐城湿地珍禽国家级自然保护区	73	100	56.2	53.5	19.4	71.5	NULL	60.7	91.7	65.8
象山韭山列岛海洋生态国家级自然保护区	100	78.7	56.1	50	46.9	100	NA	69.1	58.8	70
南麂列岛国家级海洋自然保护区	28.9	79.2	56.2	50	23.1	79.8	NA	65.7	50	54.1
上海崇明东滩鸟类国家级自然保护区	NULL	100	50.4	93.1	32.6	79	24.9	17.2	89	60.8
上海九段沙湿地国家级自然保护区	NULL	100	53.9	100	32.6	79	36	17.2	57.7	59.6

续表

保护区名称	食物供给	水量平衡	碳储存	防灾减灾	旅游休闲	生计与经济	地方感	洁净的水	生物多样性	等权重总分
福建深沪湾海底古森林遗迹国家级自然保护区	100	64.3	55.9	50.8	31.5	52	70.9	80	73.3	64.3
厦门珍稀海洋物种国家级自然保护区	100	84.8	83.3	59.1	57.1	27.8	49.3	52.9	65.8	64.5
福建漳江口红树林国家级自然保护区	100	55.5	98.6	100	20.4	74.4	66.4	59.3	73.2	72
广东徐闻珊瑚礁国家级自然保护区	100	63.3	56.1	55.1	36	100	NA	60.6	73.5	68.1
广东雷州珍稀海洋生物国家级自然保护区	100	63.3	56.2	50.3	36	100	NA	60.6	73.5	67.5
广东惠东港口海龟国家级自然保护区	100	100	56.2	50	20.7	15.2	NA	71.4	73.5	60.9
广东珠江口中华白海豚国家级自然保护区	26.4	61.5	56.2	50	57	76.4	NA	72	73.5	59.1
广东内伶仃岛—福田国家级自然保护区	10.8	68.3	36.1	58.3	50.4	25.3	79.4	70	82.1	53.4
广东湛江红树林国家级自然保护区	100	63.3	37.2	79.6	36	100	47.9	49.1	72.8	65.1
广西山口红树林生态国家级自然保护区	100	66.5	91.5	59.7	38	100	15.8	60	64	66.2
广西北仑河口红树林国家级自然保护区	100	71.3	94.7	68.4	21	100	19.7	66.7	67.6	67.7
广西合浦儒艮国家级自然保护区	100	66.5	56.1	51.5	38	100	NA	60	71.3	67.9
海南东寨港国家级自然保护区	100	63	77.3	85.1	100	100	100	60	73.5	84.3
大洲岛国家级海洋生态自然保护区	100	80.4	49.3	43.9	100	83.9	NA	60	51.4	71.1
三亚珊瑚礁国家级自然保护区	100	85.4	56.2	50.2	100	97.2	NA	70.8	73.5	79.2
海南铜鼓岭国家级自然保护区	100	54.3	56	59	100	100	NA	80	73.3	77.8
福建闽江河口湿地国家级自然保护区	100	100	49.6	77.2	NULL	26.2	NULL	100	89.4	77.5
广东南澎列岛国家级自然保护区	100	74	56.2	50	NULL	22.7	NULL	56.7	73.5	61.9

注：对于数据缺失不能参与评估的单项指标，其单项得分标记为NULL；对于单项指标得分不足10分的指标，认定该指标的量化方法不适用该保护区，其单项得分标记为NA；下同

附录3 沿海11个省（自治区、直辖市）湿地健康指数评估结果

省（自治区、直辖市）名称	食物供给	水量平衡	碳储存	防灾减灾	旅游休闲	生计与经济	地方感	洁净的水	生物多样性	等权重总分
福建省	100	81.7	71.9	40	31.5	26.4	38.8	62.2	75.4	58.7
广东省	100	85.3	50.6	54	77.1	29.5	100	67.1	74.6	70.9
广西壮族自治区	100	100	80.8	54.5	26.9	6.3	30.3	57.4	67.6	58.2
海南省	100	41.3	59.7	45.6	100	48.8	21.4	71.4	68	61.8
河北省	20.3	NA	49.8	47.7	87.3	20	87.3	53	62.1	53.4
江苏省	47.8	100	56.2	69.4	27.1	45.8	40.7	40	84.8	56.9
辽宁省	74.9	30.9	61.3	42.3	25	16.9	86	NA	73.8	51.4
山东省	77.5	28.5	46.4	68.1	64.7	43	83.5	51.3	74.4	59.7
上海市	NA	100	52.2	78.1	86	32.1	79.3	17.2	73.3	64.8
天津市	NA	32.8	39.5	45.5	95.3	24.4	68.4	60	54.6	52.6
浙江省	95.9	97.3	56.2	52.9	77.7	29.9	41.9	61.4	54.4	63.1

附录4 黄河三角洲自然保护区WHI评估衡量指标及其数据来源

序号	目标	子目标	衡量指标	数据来源	参考状态	数据来源
1	食物供给	捕捞业	Y_{fi}：近5年东营市海水捕捞平均产量	《东营市统计年鉴》(2011~2015) 《东营市统计公报》(2011~2015)	Y_{fm}：近5年东营市海水捕捞最大可持续产量	《东营市统计年鉴》(2011~2015) 《东营市统计公报》(2011~2015)
		养殖业	Y_{ci}：2015年东营市滩涂海水养殖单产	《东营市统计年鉴》(2011~2015) 《东营市统计公报》(2011~2015)	Y_{cm}：近5年全国滩涂海水养殖最高单产	《东营市统计年鉴》(2011~2015) 《东营市统计公报》(2011~2015) 《全国渔业年鉴》(2011~2015)
2	水量平衡		Q_i：2015年径流总量	《黄河水资源公报》(2015)利津水文站数据	Q_m：近5年最大径流量	《黄河水资源公报》(2011~2015)利津水文站数据
3	碳储存		C_i：单位面积盐沼的蓝碳碳汇值	2010年自然保护区分类数据	C_m：单位面积盐沼的蓝碳碳汇最大值	2010年自然保护区分类数据
4	防灾减灾		C_{c1}：盐沼湿地现存面积	2010年自然保护区分类数据	C_{r1}：盐沼湿地历史参考面积；A_t：湿地总面积	2010年和1992年自然保护区分类数据
			C_{c2}：水域现存面积	2010年自然保护区分类数据	C_{r2}：水域历史参考面积；A_t：湿地总面积	2010年和1992年自然保护区分类数据
5	旅游休闲		T_r：近5年东营市旅游业从业人数平均比例	《东营市统计年鉴》(2011~2015) 《东营市统计公报》(2011~2015) 东营市旅游政务网	T_{rmax}：近5年全国旅游业从业人数平均比例	《中国统计年鉴》(2011~2015) 《中国旅游统计年鉴》(2011~2015)
6	生计与经济	生计	F_e：近5年东营市农林牧渔业从业人数平均比例	《东营市统计年鉴》(2011~2015) 《东营市统计公报》(2011~2015)	F_{emax}：近5年全国农林牧渔业从业人数平均比例	《中国统计年鉴》(2011~2015)
		经济	GDP_a：近5年东营市渔业平均单产	《东营市统计年鉴》(2011~2015) 《东营市统计公报》(2011~2015)	GDP_{amax}：近5年全国渔业最高单产	《中国统计年鉴》(2011~2015) 《中国渔业统计年鉴》(2011~2015)
7	地方感	永久性特征	$WL\%$：区域内自然植被保护率	2010年自然保护区分类数据	$WL\%_r$：山东省湿地保护率	各省湿地保护率的最大值$WL\%_r$（"十三五"全国湿地保护率目标为50%）（全国最大值）
8	洁净的水		WQ_i：多年平均水质等级	《黄河水资源公报》(2005~2015)利津水文站数据	WQ_{max}：地表水质标准（GB 3838—2002）	Ⅰ类水质
9	生物多样性	栖息地指数	A_i：湿地现有面积	2010年自然保护区分类数据	A_0：湿地历史最大面积	2010年和1992年自然保护区分类数据
		物种多样性指数	S_i：鸟类数量	鸟类监测站资料	S_0：保护区面积	黄河三角洲自然保护区管理局统计数据

附录5 辽河口湿地WHI评估衡量指标及数据来源

序号	目标	子目标	衡量指标	数据来源	参考状态	数据来源
1	食物供给	捕捞业	代表性水产品（鱼、虾、贝、藻类等）的捕捞产量 Y_{fi}	农业部门和保护区统计资料；公开发表的文献	代表性鱼类捕捞最大可持续产值 Y_{fm}；	农业部门和保护区统计资料；公开发表的文献
		养殖业	代表性水产品（鱼、虾、贝、藻类等）的养殖单产 Y_{ci}	农业部门和保护区统计资料；公开发表的文献	代表性水产品（鱼、虾、贝、藻类等）我国的最高养殖单产 Y_{cm}	农业部门和保护区统计资料；公开发表的文献
2	水量平衡		当年平均水位 W_i 或当年径流总量或当年地表水资源总量 Q_i	水文数据	多年平均最高水位 W_m 或近 10 年最大年径流总量或最大地表水资源总量 Q_m	水文数据
3	碳储存		单位面积某类生态系统的蓝碳的碳汇值 C_i	中国湿地科学数据库（http：//www. marsh. csdb. cn）；公开发表的文献	单位面积某类生态系统的蓝碳的碳汇值最大值 C_m	中国湿地科学数据库（http：//www. marsh. csdb. cn）；公开发表的文献
4	防灾减灾		现有面积 / 参考面积，乘以防灾减灾能力和面积权重	自然保护区分类数据	C_c 为湿地类型 k 的现存面积；C_r 为湿地类型 k 的历史面积	自然保护区分类数据
5	旅游休闲		T_r：评估区旅游业从业人数占该区域总就业人数的比例	所在县或乡旅游部门统计资料；公开发表的文献	T_{rmax}：全国旅游业从业人数占全国就业人数的比例（全国最大值）	所在县或乡旅游部门统计资料；公开发表的文献
6	生计与经济	生计	该区域渔业养殖业从业人数占该区域总就业人数的比例 F_e	所在县或乡统计资料	全国渔业养殖业从业人数占全国总就业人数的比例 F_{emax}（全国最大值）	所在县或乡统计资料
		经济	单位面积上农业（或渔业养殖业＋旅游业）产值 GDP_a	所在县或乡统计资料	所有评估区域内，单位面积农业（渔业养殖业＋旅游业）的最大产值 GDP_{amax}	所在县或乡统计资料

续表

序号	目标	子目标	衡量指标	数据来源	参考状态	数据来源
7	地方感	永久性特征	该区域的湿地保护率 $WL\%$（保护区内的湿地面积除以整个行政区内的湿地面积求得）	科考报告、保护区监测报告	各省湿地保护率的最大值 $WL\%_r$（“十三五”全国湿地保护率目标为 50%）（全国最大值）	科考报告、保护区监测报告
8	洁净的水		水污染状态（营养源、化学等污染源输入的几何平均数），可用水质等级表示 WQ_i	地方环保局	地表水环境质量标准（GB 3838—2002）：I 类水质 WQ_{max}	地方环保局
9	生物多样性	栖息地指数	该区域的天然湿地面积 A_i	第一次全国湿地资源调查结果（1995~2003 年）；第二次全国湿地资源调查结果（2009~2013 年）	新中国成立以来该湿地面积的最大值 A_0（参考值）	第一次全国湿地资源调查结果（1995~2003 年）；第二次全国湿地资源调查结果（2009~2013 年）
		物种多样性指数	该区域湿地植物和脊椎动物物种数量 S_i	科考报告、保护区监测报告	目标湿地面积 S_0	科考报告、保护区监测报告

附录6 湿地健康指数单项指标的量化方法

（一）食物供给

1. 指标介绍

湿地提供了丰富多样的可食用的动植物产品，如鱼、虾、贝、藻类等。无论是天然产品，还是人工养殖产品，这些水产品不仅是当前人类生存繁衍的重要食物来源，也是未来人类食物的重要组成部分（FAO，2014）。目前，湿地食物供给主要有两个来源：一个是水产捕捞业；另一个是水产养殖业（附图 1）。

附图 1 滩涂水产养殖（莫训强摄）

2. 计算方法

1）捕捞业

X_{FPf} 为捕捞业食物供给分值，其计算公式如下：

$$X_{FPf}=Y_{fi}/Y_{fm}\times 100$$

式中，Y_{fi} 为年捕捞量（现状值）；Y_{fm} 为最大可持续产量（参考值）；如果有多种鱼类，那么 X_{FPf} 为多种鱼单项指标分的平均值。

2）养殖业

利用湿地养殖可食用的水产品，如鱼、虾、贝、藻类等。

$$X_{\mathrm{FPc}}=\frac{\sum Y_{\mathrm{ci}}\times \mathrm{YW_i}}{Y_{\mathrm{cm}}}\times 100$$

式中，X_{FPc} 为滩涂养殖指标分值；Y_{ci} 为 i 类水产品（鱼虾贝藻等）的养殖单产（现状值）；$\mathrm{YW_i}$ 为 i 类水产品的产量权重，等于 i 类水产品养殖产量占总养殖产量的比例；Y_{cm} 为我国滩涂最高的养殖单产（参考值）。

3. 数据说明

海洋捕捞渔业主要作业的沿岸浅海区、近海区、外海区水深均超过 40m，所收获渔获物的范围均在滨海湿地之外，因此本报告仅使用养殖业的产量作为评估依据。数据来源为各滨海湿地保护区所在地市 2011~2015 年统计年鉴中海水养殖产量和海水养殖面积。最大值为闽江口湿地国家级自然保护区所在的福建省长乐市 2015 年海水养殖产品单位产量（$28.27\mathrm{t/hm^2}$）。《中国渔业统计年鉴》中记录上海市无海水养殖产量和面积，因此上海崇明东滩湿地自然保护区和上海九段沙湿地国家级自然保护区在该项尚未评分。

（二）水量平衡

1. 指标介绍

水是湿地生态系统的本质属性之一（附图 2）（殷书柏等，2014）。维持湿地正常功能需要

附图 2　上海滩涂湿地（薄顺奇摄）

一定的水文条件，包括淹水深度、淹水周期、淹水历时等。湿地水平衡状态的改变可能会导致一系列的生态后果，如改变湿地生态系统的属性（Acreman et al.，2007；Wantzen et al.，2008）。

2. 计算方法

本研究采用如下公式计算水量平衡指标分值（X_{WB}）：

$$X_{WB}=\frac{W_i}{W_m}\times 100 \text{ 或 } \frac{Q_i}{Q_m}\times 100$$

式中，W_i 为当年平均水位（现状值）；Q_i 为当年径流总量（现状值）；W_m 为多年平均最高水位（参考值）；Q_m 为近 10 年最大年径流总量（参考值）。

注：如果评估区域没有地表径流输入，可以用水资源公报中的区域地表水资源量来替代，则 Q_i 为评估期的地表水资源量，Q_m 为近 10 年（或历史上）最大地表水资源量。

3. 数据说明

该指标得分计算均采用各个保护区所在市或者县地表水资源量 / 近 10 年最大地表水资源量进行计算，数据来源于各个保护区所在市（县）2015 年水资源公报。目前 35 个保护区中尚有 10 个保护区查询不到地表水资源量数据或者查找不全，这也是导致该项评估得分偏低的主要因素。

（三）碳储存

1. 指标介绍

“蓝碳”概念源于联合国环境规划署发表的一份报告，该报告认为全球自然生态系统通过光合作用捕获的碳称为“生物碳”（或称为“绿碳”），其中 1/2 以上（55%）的绿碳由海洋生物捕获，因此，该部分的碳称为“蓝碳”（Nellman et al.，2009）。海岸带系统的蓝碳主要由红树林、盐沼和海草床等生境捕获的生物量碳和储存在沉积物（或土壤）中的碳组成（Herr and Pidgeon，2011；Herr et al.，2012）。海岸带植物生境中的红树林、盐沼和海草，尽管面积小，但捕获和储存碳量要远大于海洋沉积物的碳储存量，因此也被称为海岸带蓝碳，是海洋蓝碳的重要组成部分，在应对全球气候变化中具有十分重要的作用（章海波等，2015）。目前，许多文献仅将红树林、盐沼和海草床这三类生态系统中的碳归类为蓝碳，这些生态系统也因此被称为蓝碳生态系统（blue carbon ecosystem）（Mcleod et al.，2011；周晨昊等，2016）。

红树林是典型的滨海湿地类型，是海陆生态系统间物质交换的场所，是地球上生产力最高的区域之一，对于海岸区及全球碳平衡有重要影响（Dittmar et al.，2006；Alongi，2008；Regnier et al.，2013）。红树林生态系统能够储存大量的有机碳，其碳库的组成包括初级生产力（包含凋落物、树木和根系的生物量）及红树林土壤固定的碳。红树林土壤是最主要的碳汇，其固定的有机碳占整个红树林生态系统的49%~98%；土壤厚度一般为0.5~3m，在有些地区红树林有机质沉积可以达到10m（McKee et al.，2007；Donato et al.，2011）。研究表明，全球红树林的分布面积为（0.138~0.152）$\times 10^6$km^2，碳的积累速度为（226 ± 39）g C/（m^2・a）（章海波等，2015）。

潮间带盐沼是一种重要的湿地类型，是海陆交互作用的一个重要界面，发挥着重要的碳汇作用。相对于其他类型湿地，河口海岸带湿地是河流生态系统和海洋生态系统之间的生态交错带，具有咸淡水交汇、陆海相接的特点。盐沼湿地具有很高的初级生产力，可达1745g C/（m^2・a）。全球盐沼湿地的分布面积为（0.022~0.4）$\times 10^6$km^2，碳的积累速度为（218 ± 24）g C/（m^2・a）（章海波等，2015）。

尽管海草分布不足海洋总面积的0.2%，但它们在浅海生态系统中发挥着重要的作用，密集生长的海草构成的海草床不仅可起到减弱水流和稳固底质的作用，还可为系统内的生物提供隐蔽和栖息场所，增加系统生物多样性。但长期以来，海草床的碳汇功能被忽略。近年来相关研究逐渐增多，海草床巨大的碳汇能力被逐渐揭示：海草以不足0.2%的覆盖面积，占到了海洋每年总碳埋藏量的10%~18%；海草床生态系统内的碳主要以现存生物量固定碳和底质沉积有机碳两种方式存在。全球海草床的分布面积为（0.177~0.6）$\times 10^6$ 万 km^2，碳的积累速度为（138 ± 38）g C/（m^2・a）（章海波等，2015）。

我国拥有漫长的海岸线，沿海地区跨越了3个气候带，广泛分布着红树林、海草床和盐沼这三大类海岸带蓝碳生态系统，生境总面积范围在1623~3850km^2。红树林集中分布于广东、广西和海南；海草床在黄渤海海区主要分布于山东省，在南海海区主要分布于海南省；盐沼分布于整个海岸带，但主要分布于杭州湾以北的沿海区域。海岸带蓝碳生态系统的植被受气候和底质类型限制，显现出不同的分布特征，并且拥有各自的优势种群：红树林以耐寒能力较强的秋茄树（*Kandelia obovata*）、白骨壤（*Avicennia marina*）和桐花树（*Aegiceras corniculatum*）分布较广；海草床以喜盐草（*Halophila ovalis*）、泰来藻（*Thalassia hemprichii*）和大叶藻（*Zostera marina*）为主；盐沼主要有芦苇（*Phragmites australis*）、碱蓬（*Suaeda* spp.）和互花米草（*Spartina alterniflora*）等。

蓝碳生态系统碳汇潜力的形成，主要得益于相对高的净初级生产力和缓慢的有机质分解。

目前，我国海岸带蓝碳生态系统面积为 1623~3850km^2（附表 1），但对于中国海岸带蓝碳生态系统的碳汇强度还没有可靠的估算数据。根据已有的研究结果，按全球平均值估算，我国蓝碳生态系统的碳年埋藏量为 0.349~0.835Tg C（章海波等，2015；周晨昊等，2016）。其中，盐沼约占 80%，远高于红树林和海草床，是中国海岸带蓝碳碳汇的主要组成部分。

附表1　中国海岸带蓝碳生态系统面积与碳年埋藏量

蓝碳生态系统类型	覆盖面积/km^2	碳埋藏速率/[g C/（m^2·a）]	碳埋藏量/（Tg C/a）
红树林	328.34	226 ± 39（20~949，n=34）	0.074
海草床	87.65	138 ± 38（45~190，n=123）	0.012
盐沼	1207~3434	218 ± 24（18~1713，n=96）	0.263~0.749
总计	1623~3850		0.349~0.835

注：碳埋藏速率参照全球平均值，括号内的数值为范围，n 表示统计的样点数；1Tg=1 × 10^{12}g ；1g C=3.67g CO_2

2. 计算方法

在本研究中，将蓝碳中的红树林、盐沼、海草床等滨海湿地生物碳汇作为滨海湿地健康评价中的碳汇指标，可如实反映滨海湿地在全球碳汇中的重要作用。计算的思路是：首先估算出评估区的红树林、海草床、盐沼生态系统的面积，以及固碳效率（或碳埋藏速率），乘以固碳效率与参考状态的比值，再乘以面积权重，即可评估出该区域碳储存的指标分值。计算公式如下：

$$X_{CS}=\sum_{1}^{k}\left(\frac{C_i}{C_m}\times\frac{A_k}{A_T}\right)\times 100$$

式中，X_{CS} 指滨海湿地健康指数中的碳储存指标分值；C_i 指某一蓝碳生态系统类型的固碳效率（现状值）；C_m 指某一蓝碳生态系统类型的固碳效率的参考值，一般取该类型固碳效率的最大值；$\frac{C_i}{C_m}$的最大值为 1；A_k 指 k 类蓝碳生态系统类型在评价期的覆盖面积；A_T 指红树林、海草床、盐沼三类蓝碳生态系统的总面积。

根据郑凤英等（2013）的研究，我国海草床总面积约为 8700 余公顷，远低于本次评估的总面积，且本次评估的 35 个滨海湿地保护区海草床面积较小，因此在评估中仅将 35 个评估保护区划分为红树林和盐沼两种蓝碳类型湿地。

3. 数据说明

红树林和盐沼湿地（附图 3）的蓝碳参考值分别为我国监测峰值 2384g C/（m^2·a）和 1745g C/（m^2·a）（周晨昊等，2016）。双台河口、黄河三角洲、崇明东滩、厦门珍稀海洋物种、

附图 3　台湾屏东垦丁珊瑚礁湿地（王辰摄）

漳江口、内伶仃岛—福田、湛江红树林、山口红树林、北仑河口红树林 9 个沿海湿地保护区有红树林和盐沼固碳能力实测数据（唐博等，2014；王淑琼等，2014；彭聪姣等，2016），其余 26 个保护区按盐沼和红树林两类分别由上述文献数据计算其算术平均值，替代其固碳值。中国科学院烟台海岸带研究所提供的 2000 年、2005 年、2010 年、2015 年四期各保护区湿地面积用于计算湿地保存率。

11 个省（自治区、直辖市）碳汇计算结果说明：碳汇健康指数除浙江、广东和广西三省（自治区）外，通过计算 35 个滨海湿地保护区中各保护区算术平均值获得。而浙江、广东和广西湿地面积选用 1978 年、2000 年和 2008 年文献数据，并结合三地各滨海湿地固碳能力数据，计算三地各滨海湿地保护区碳汇健康指数，用算术平均值指代各省碳汇健康指数。

（四）防灾减灾

1. 指标介绍

湿地为周围环境及人类提供了调蓄洪水、防御风暴潮、减少侵蚀等方面防灾减灾的非物质价值，这主要体现在其对环境干扰的容量、抑制和整合响应上，即由植被结构控制的生境对环境变化的响应。例如，湿地蓄洪补枯可调节水旱灾害；河口、海岸湿地植被根系及其残体对海岸具有强大固着作用，可以削弱海浪和水流的冲力和沉降沉积物，从而使沿海淤泥质滩涂、红树林成为天然防浪工程（附图 4），抗御风暴潮等海洋灾害的侵袭。防灾减灾指标旨在评估湿地为人类珍视的居住及非居住环境所提供的保护效果。

附图 4　防城港红树林沼泽（贾亦飞摄）

2. 计算方法

由于数据的可获得性，我们将湿地所在的保护区作为评估单元，对其防灾减灾指标进行计算。计算过程中，主要考虑 3 个方面：湿地相对于历史状态的现状 C、不同类型湿地防灾减灾功能 W，以及不同类型湿地分布范围 A。

考虑到中国湿地类型主要包括内陆湿地、滨海湿地、浅海水域及人工湿地，在调蓄洪水、防御风暴潮、减少侵蚀等方面，不同类型的湿地体现出不同类型、不同程度的防灾减灾功能。因此，基于文献数据，根据文献中各类湿地防灾减灾功能的单位面积价值量，对不同湿地类型的防灾减灾权重 W_k 进行赋值（附表 2），值越大代表功能越强（Halpern et al.，2012）。

附表2　中国湿地不同类型防灾减灾权重

湿地类型	涉及土地利用类型	权重（W_k）	参考文献
滨海湿地	滩涂、河口水域、河口三角洲湿地、潟湖	4	Costanza and Folke，1997；Ledoux and Turner，2002；de Groot et al.，2012；Horstman et al.，2014
浅海水域	浅海水域	2	Costanza and Folke，1997；de Groot et al.，2012；Horstman et al.，2014
内陆湿地	河渠、湖泊、水库坑塘、滩地	3	Ghermandi et al.，2010；Li et al.，2014
人工湿地	盐田、养殖场	1	Ghermandi et al.，2010；Li et al.，2014

防灾减灾指标分值（X_{CP}）的计算方法为

$$X_{CP}=\sum_{i=1}^{k}\left(\frac{C_c}{C_r}\times\frac{W_k}{W_{max}}\times\frac{A_k}{A_T}\right)\times 100$$

式中，C_c 为湿地类型 k 的现存面积（现状值）；C_r 为湿地类型 k 的历史面积（参考值）；W_k 为湿地类型 k 的防灾减灾权重；W_{max} 为湿地类型的权重最高值；A_k 为湿地类型 k 的现存面积；A_T 为评估单元中现存湿地总面积。

其中 A_T 由评估区域中所有湿地类型的面积 A_k 加和得出：

$$A_T=\sum_{i=1}^{k}A_k$$

3. 数据说明

35 个保护区防灾减灾指数数据说明：①保护区内 2015 年内陆湿地、滨海湿地、浅海水域及人工湿地各自的面积；②保护区内内陆湿地、滨海湿地、浅海水域及人工湿地的历史面积（2000 年）；③不同类型湿地防灾减灾权重（利用参考文献数据进行赋值）；④数据来源于中国科学院烟台海岸带研究所侯西勇研究员。

11 个省（自治区、直辖市）防灾减灾指数数据说明：①行政单元内陆湿地、滨海湿地、浅海水域及人工湿地各自的面积（数据源自《中国湿地资源》，国家林业局），调查时间为 2009~2013 年，由于数据可获得性的限制，以此数据作为 2015 年湿地面积进行分析。②由于数据可获得性的限制，各湿地类型相对于历史状态的现状值 C 均采用行政单元 1978~2008 年湿地面积变化来代替（牛振国等，2009，2012）。

（五）旅游休闲

1. 指标介绍

湿地优美的生态环境、珍贵的野生生物、独特的人文环境为人类提供了运动、审美、垂钓等方面的非物质价值，为湿地旅游业的发展奠定了资源环境基础。在合理利用的前提下，旅游休闲是目前广为认可的一种湿地资源可持续利用方式（附图 5）（Lee，2013；Lee and Hsieh，2016）。旅游休闲不仅可以给湿地居民带来直接的经济收入，同时也为湿地保护提供了有力支撑。旅游休闲指标的目的有别于经济措施和湿地生计等经济型目标，旨在捕捉人们参观湿地及相关周边景观的体验，评估人与湿地及周边景观的互动及参与性。

附图 5　北大港湿地观鸟（天津滨海新区湿地保护协会供图）

2. 计算方法

由于我国大部分湿地景观的开放性，直接参与旅游的实际人数难以衡量。因此，假设旅游业相关从业人员，如酒店员工人数、旅行社及相关行业工人，数量的增加或减少与游客到访量呈正相关，该指数拟用旅游业的就业人数代表实际参与湿地旅游的人数。

旅游休闲指标的参考点是全国从事这一行业的总劳动力的比例。区域评估中，理想的情况是有湿地旅游的专项就业数据，根据被评估区域基本以湿地为主体的状况，假设被评估区域的旅游休闲业从业内容全部与湿地直接或间接相关，旅游休闲指标分值（X_{TR}）的计算方法为

$$X_{TR}=\frac{T_r}{T_{rmax}}\times 100$$

式中，T_r 代表评估区域旅游业就业人数（L_e）占该区域总就业人数（L_t）的比例（现状值），即 $T_r=\frac{L_e}{L_t}$；T_{rmax} 是指所有评估区域中旅游业就业人数占全国就业人数的比例的最大值（参考值）。在全国评估区域排名的基础上，该比例在全国参考值（旅游相关行业从业人数占就业总人数比例）以上，可视为满分。

3. 数据说明

在理想状态下，旅游休闲指标的计算，应采取旅游及相关产业就业人数作为原始数据。依据《中华人民共和国统计法》《国务院关于促进旅游业改革发展的若干意见》（国发〔2014〕31号），根据《国民经济行业分类》（GB/T 4754—2011）标准，旅游及相关行业包括旅游业（旅游出行、旅游住宿、旅游餐饮、旅游游览、旅游购物、旅游娱乐及旅游综合服务）和旅游相关产业（旅游辅助服务和政府旅游管理服务）。

在此阶段评估中，旅游休闲指标评估以2015年为评估现状，采用过去5年的历史平均数据，参考值为同时段全国平均旅游及相关产业就业人数。由于缺乏专业的旅游统计数据，暂用评估区所在最低级行政单位统计年鉴中的行业分类数据，假设用国民经济行业分类中的“住宿及餐饮”从业人数作为旅游及相关产业从业人数的替代数据。该假设可能会由于评估区域经济结构不同对该指标结果造成过高或过低评分，在后续应用此方法时应尽量采用精准旅游行业从业人数。

（六）生计与经济

生计与经济指标分值（X_{LE}）为生计指标分值（X_{liv}）与经济指标分值（X_{eco}）的算术平均数，计算公式如下：

$$X_{LE}=(X_{liv}+X_{eco})/2$$

1. 生计

$$X_{liv}=\frac{F_e}{F_{emax}}\times 100$$

式中，F_e代表该区域渔业养殖业的从业人数占该区域总就业人数的比例（现状值）；F_{emax}指所有评估区域中渔业养殖业的从业人数占全国总就业人数的比例的最大值（参考值）。

2. 经济

$$X_{eco}=\frac{GDP_a}{GDP_{amax}}\times 100$$

式中，GDP_a代表该评估区域中单位面积的农业产值（或渔业产值）（现状值）；GDP_{amax}指所有评估区域单位面积的农业产值（或渔业产值）的最大值（参考值）。

3. 数据说明

生计部分的数据来源为滨海保护区所在县（市）2011~2015 年统计年鉴中的就业数据。经济部分的数据来源为滨海保护区所在县（市）2011~2015 年统计年鉴中的渔业产值数据（附图 6）。

附图 6　辽河口三道沟渔港码头渔民捕捞糠虾（李晋供图）

（七）地方感

1. 指标介绍

人们从在湿地附近生活、参与构成湿地景观或单纯知道这些地方和它们存在的特有物种中获得文化认同感或者感知价值。地方感这一目标旨在通过评估湿地系统的两个方面（标志性物种的存在状况及长期特征区域的状况）来捕捉人们感知湿地价值并对其产生文化认同的部分。标志性物种和被保护区域的存在象征着人们对一个区域文化、精神、审美和其他无形价值的认知。长期特征区域是指那些具有审美、精神、文化、娱乐的特定价值的地理位置（附图 7）。

理想状况下，标志性物种和长期特征区域在该指标计算中享有相同的权重，但受数据来源限制，此阶段评估只考虑用长期特征区域来代表被评估区的地方感指标。标志性物种衡量具有特殊文化意义的特征物种存在及生存的状况；长期特征区域衡量被保护区域占区域总面积的比例。

附图 7　丹东港滨（贾亦飞摄）

2. 计算方法

我们假设受保护的地区（如保护区或自然文化遗产）和国际重要湿地可以代表这些长期特征区域（即受保护表明它们是重要且独特的）。虽然这是一个不完美的假设，但它在很多情况下适用。因此，地方感指标分值（X_{sp}）的计算公式如下：

$$X_{sp}=\frac{WL\%}{WL\%_r}\times 100$$

式中，$WL\%$ 为评估区域的湿地保护率（现状值）；$WL\%_r$ 为湿地保护率的参考值，采用全国湿地保护率的最大值。被保护区域的面积取自该保护区内湿地面积或国际重要湿地面积。

3. 数据说明

地方感指标是 WHI 指标体系中相对定性的指标，目标难以量化。理想情况下，研究者需要在研究区域内对每个社区进行问卷调查，以确定长期特征区域的名单，然后评估这些区域的存在状态（如受保护或管理良好）。但是在操作中，详细的问卷调查难以实现。因此，我们假设受保护的地区（如保护区或自然文化遗产）和国际重要湿地可以代表这些长期特征区域（即受保护表明它们是重要且独特的）。虽然这是一个不完美的假设，但它在很多情况下（如全球海洋健康状态评估）适用。

在此阶段评估中，旅游休闲指标以 2015 年为评估现状，采用评估区（保护区）内被保护湿地面积与评估区所在最低级行政单位内湿地面积作为原始数据，计算评估区内湿地保护率。

参考值采用第二次全国湿地资源调查报告评估的湿地保护率（2013 年），即 43.5%。由于此阶段评估对象为国家自然保护区，保护区内的湿地面积会根据保护区的目标对象不同而有所不同。此情况会造成地方指标评估结果存在一定程度的误差。

（八）洁净的水

1. 指标介绍

湿地是淡水安全的生态保障（附图 8）。根据第二次全国湿地资源调查，我国的淡水资源主要分布在河流湿地、湖泊湿地、沼泽湿地和库塘湿地之中，湿地维持着约 2.7 万亿 t 淡水，保存了全国 96% 的可利用淡水资源。湿地淡水供给能力的高低取决于水质和水量两个方面。水量平衡指标已经反映了水供给的数量和稳定性。水质高低的衡量根据水质监测数据，采用我国《地表水环境质量标准》（GB 3838—2002）来判定。

附图 8　黄河河口三角洲（贾亦飞摄）

在《地表水环境质量标准》（GB 3838—2002）中，依据地表水水域环境功能和保护目标，按功能高低依次划分为 5 类：Ⅰ类主要适用于源头水、国家自然保护区；Ⅱ类主要适用于集中式生活饮用水地表水源地一级保护区、珍稀水生生物栖息地、鱼虾类产卵场、仔稚幼鱼的索饵场等；Ⅲ类主要适用于集中式生活饮用水地表水源地二级保护区、鱼虾类越冬场、洄游通道、水产养殖区等渔业水域及游泳区；Ⅳ类主要适用于一般工业用水区及人体非直接接触的娱乐用水区；Ⅴ类主要适用于农业用水区及一般景观要求水域。

2. 计算方法

本评估以Ⅲ类为及格标准（60 分），Ⅰ类为满分标准（100 分），依次对 6 类水质进行赋值：Ⅰ类为 10、Ⅱ类为 8、Ⅲ类为 6、Ⅳ类为 4、Ⅴ类 2，劣Ⅴ类为 0。根据各类水质的赋值分，乘以其面积权重，可计算出洁净的水指标分值（X_{cw}）。计算公式如下：

$$X_{cw}=\frac{1}{n}\times\sum_{i=1}^{n}\left(\frac{WQ_i}{WQ_{max}}\times 100\right)$$

式中，WQ_i 为评价区第 i 个水质监测点的水质等级赋值（现状值）；WQ_{max} 为Ⅰ类水的赋值 10（参考值）；n 为水质监测点个数。

3. 数据说明

该项指标得分计算主要采用保护区所在县（市）各个监测点水质赋值分的均值除以Ⅰ类水质赋值分进行的，数据来源于各个保护区所在县（市）2015 年环境质量公报。

（九）生物多样性：栖息地指数和物种多样性指数

1. 指标介绍

生物多样性可简单表述为生物之间的多样化和变异性，以及物种生境的生态复杂性，它包括动物、植物、微生物的所有物种和生态系统，以及物种所在的生态系统中的生态过程。生物多样性是地球上数十亿年来生命进化的结果，是生物圈的核心组成部分，也是人类赖以生存的物质基础。随着人口的迅速增长与人类活动的加剧，生物多样性受到了严重威胁，成为当前世界性的环境问题之一。

作为水陆相兼的生态系统，湿地的独特生境使它同时兼具丰富的陆生与水生动植物资源，对于保护物种、维持生物多样性具有难以替代的生态价值。湿地生物多样性是所有湿地生物种类、种内遗传变异和它们生存环境的总称，包括所有不同种类的动物、植物、微生物及其所拥有的基因和它们与环境所组成的生态系统。湿地是地球上具有多功能的独特生态系统，是自然界生物多样性最丰富的生态景观和人类最重要的生存环境之一，被人们誉为“自然之肾”。湿地仅占地球表面积的 6%，却为世界上 20% 的生物提供了生境，这还不包括许多湿地中未知的生命形式。

在众多湿地生物中，目前湿地鸟类最受人类关注，湿地鸟类对滨海湿地的面积、质量变化响应较快，是应用非常广泛的滨海湿地指示物种。我国滨海湿地位于东亚 – 澳大利西亚候鸟迁徙路线上，每年有 5000 万只候鸟经由此路线往返西伯利亚和南半球。针对我国沿海湿地水鸟的同步调查已持续多年，积累了大量的滨海湿地鸟类数据，对于滨海湿地的鸟类分布状况和年际动态也较为清楚。选择湿地鸟类作为滨海湿地生物多样性评价指标，能较好地反映滨海湿地质量变化，对滨海湿地鸟类的年际动态的监测也是当前滨海湿地保护的主要工作之一，以此为基础也可很好地对滨海湿地健康的年际动态做出评价。

基于上述考虑，在滨海湿地健康指数评价体系中，生物多样性指标包含栖息地面积评价和鸟类物种多样性评价。其中后者以鸟类物种数量为评价对象，避免了海洋健康指数评价方法中物种濒危级别对计算结果的干扰，保证濒危物种数越多，湿地越健康，同时栖息地面积评价指标所反映的栖息地面积变化也与物种濒危状况相关。

2. 计算方法

在滨海湿地健康评价体系中，生物多样性指标分值（X_{BD}）是物种多样性指数分值（X_{spp}）和栖息地指数分值（X_{hab}）的算术平均数。其计算公式如下：

$$X_{BD}=(X_{hab}+X_{spp})/2$$

1）栖息地指数计算方法

$$X_{hab}=\frac{\sum_{1}^{k}C_k}{k}\times 100$$

式中，X_{hab} 为生物多样性指标中的栖息地指数；C_k 指第 k 类湿地的保存率，即现有面积（现状值 A_i）与历史最大面积（参考值 A_0）的比率，如所评价的目标湿地由于湿地恢复，现有面积超过历史最大面积，则 C_k 取最大值为 1。

2）鸟类物种健康指数计算方法

由于各滨海湿地面积差异较大，而鸟类物种数量与面积呈正相关，为降低面积对鸟类物种多样性指数计算的干扰，使用 α 多样性指数—— Gleason 多样性指数评价不同滨海湿地鸟类物种多样性，计算公式如下：

$$D=S_i/\ln S_0$$

式中，D 为 Gleason 指数；S_i 为目标湿地的鸟类物种数量；S_0 为目标湿地的面积（hm^2）。

滨海湿地健康指数作为综合评价体系，更多地体现了不同滨海湿地之间的状况差别，因此在评价不同滨海湿地鸟类物种多样性时，应采用归一化处理方法，尽量消除不同滨海湿地之间的差异，单纯比较其鸟类物种多样性的相对差异。本工作采取如下归一化处理方式：

$$X^* = \frac{X\text{–min}}{\text{max–min}}$$

式中，X^* 为归一化处理后的滨海湿地鸟类物种多样性指数；X 为滨海湿地鸟类物种多样性指数；max 和 min 分别为评价工作中所有滨海湿地鸟类物种多样性指数最高值和最低值。归一化后的多样性指数分布在 [0，1]，可直接视为鸟类健康指数。

3. 数据说明

本工作评价的 35 处滨海类型的国家级自然保护区，共有 24 处保护区的科考报告中有鸟类物种数量监测数据，可采用实际物种数据进行物种多样性健康指数计算。其余 11 处无实测数据保护区，使用有数据的 24 处保护区的物种多样性健康指数算术平均数作为其物种多样性指数。栖息地面积经由中国科学院烟台海岸带研究所提供的 2000 年、2005 年、2010 年、2015 年四期各保护区湿地面积计算得出。

11 个省（自治区、直辖市）生物多样性计算结果说明：生物多样性涉及的鸟类物种多样性健康指数和栖息地面积健康指数是通过计算 35 个滨海湿地保护区中各保护区算术平均数获得的。

参 考 文 献

陈远，姜靖宇，李石磊，等 . 2012. 盘锦蛤蜊岗、小河滩涂文蛤及其相关资源调查报告 [J]. 河北渔业，（1）：46-49.

陈展，尚鹤，姚斌 . 2009. 美国湿地健康评价方法 [J]. 生态学报，29（9）：5015-5022.

崔保山，杨志峰 . 2001. 湿地生态系统健康研究进展 [J]. 生态学杂志，20（3）：31-36.

崔保山，杨志峰 . 2002a. 湿地生态系统健康评价指标体系Ⅰ. 理论 [J]. 生态学报，22（7）：1005-1011.

崔保山，杨志峰 . 2002b. 湿地生态系统健康评价指标体系Ⅱ. 方法与案例 [J]. 生态学报，222（8）：1231-1239.

崔丽娟 . 2001. 湿地价值评价研究 [M]. 北京：科学出版社 .

丁晖，石碧清，徐海根 . 2006. 外来物种风险评估指标体系和评估方法 [J]. 生态与农村环境学报，22（2）：92-96.

段晓男，王效科，逯非，等 . 2008. 中国湿地生态系统固碳现状和潜力 [J]. 生态学报，28(2)：463-469.

关道明 . 2012. 中国滨海湿地 [M]. 北京：海洋出版社 .

管博，栗云召，夏江宝，等 . 2014. 黄河三角洲不同水位梯度下芦苇植被生态特征及其与环境因子相关关系 [J]. 生态学杂志，33（10）：2633-2639.

国家林业局 . 2014. 国家林业局第二次湿地资源调查报告 [R].

国家林业局 . 2015. 中国湿地资源（总卷）[M]. 北京：中国林业出版社 .

韩大勇，杨永兴，杨杨，等 . 2012. 湿地退化研究进展 [J]. 生态学报，（4）：289-303.

韩美 . 2012. 基于多期遥感影像的黄河三角洲湿地动态与湿地补偿标准研究 [D]. 济南：山东大学博士学位论文 .

黄秀蓉 . 2016. 美、日海洋生态补偿的典型实证及经验分析 [J]. 宏观经济研究，（8）：149-159.

黄艺，舒中亚 . 2013. 基于浮游细菌生物完整性指数的河流生态系统健康评价——以滇池流域为例 [J]. 环境科学，34（8）：3010-3018.

雷光春，张正旺，于秀波，等 . 2017. 中国滨海湿地保护管理战略研究 [M]. 北京：高等教育出版社 .

李宜良，王保华 . 2006. 美国海域使用管理及对我国的启示 [J]. 海洋开发与管理，23（4）：14-17.

林倩，张树深，刘素玲 . 2010. 辽河口湿地生态系统健康诊断与评价 [J]. 生态与农村环境学报，26（1）：41-46.

吕铭志 . 2016. 中国典型沼泽湿地土壤有机碳含量与固碳速率比较研究 [M]. 长春：东北师范大学博士学位论文 .

马克明，孔红梅，关文彬，等 . 2001. 生态系统健康评价：方法与方向 [J]. 生态学报，21（12）：2106-2116.

马莎 . 2013. 美国海岸带管理法评析 [J]. 公民与法：法学版，（6）：61-63.

牛振国，宫鹏，程晓，等 . 2009. 中国湿地初步遥感制图及相关地理特征分析 [J]. 中国科学（D 辑：地球科学），（2）：188-203.

牛振国，张海英，王显威，等 . 2012. 1978~2008 年中国湿地类型变化 [J]. 科学通报，（16）：1400-1411.

裴绍峰，刘海月，马雪莹，等 . 2015. 辽河三角洲滨海湿地生态修复工程 [J]. 海洋地质前沿，（2）：58-62.

彭聪姣，钱家炜，郭旭东，等 . 2016. 深圳福田红树林植被碳储量和净初级生产力 [J]. 应用生态学报，27（7）：2059-2065.

彭建，王仰麟 . 2000. 我国沿海滩涂的研究 [J]. 北京大学学报（自然科学版），（6）：832-839.

宋创业，胡慧霞，黄欢，等 . 2016. 黄河三角洲人工恢复芦苇湿地生态系统健康评价 [J]. 生态学报，36（9）：2705-2714.

宋洪涛，崔丽娟，栾军伟，等 . 2011. 湿地固碳功能与潜力 [J]. 世界林业研究，（6）：6-11.

唐博，龙江平，章伟艳，等 . 2014. 中国区域滨海湿地固碳能力研究现状与提升 [J]. 海洋通报，（5）：481-490.

王淑琼，王瀚强，方燕，等 . 2014. 崇明岛滨海湿地植物群落固碳能力 [J]. 生态学杂志，33（4）：915-921.

武海涛，吕宪国 . 2005. 中国湿地评价研究进展与展望 [J]. 世界林业研究，18（4）：49-53.

肖笃宁，李小玉，宋冬梅 . 2005. 石羊河尾闾绿洲的景观变化与生态恢复对策 [J]. 生态学报，（10）：2477-2483.

杨一鹏，蒋卫国，何福红 . 2004. 基于 PSR 模型的松嫩平原西部湿地生态环境评价 [J]. 生态环境，13（4）：597-600.

殷书柏，李冰，沈方 . 2014. 湿地定义研究进展 [J]. 湿地科学，（4）：504-514.

尹海 . 2014. 加强辽河口湿地生态环境保护管理对策 [J]. 黑龙江科技信息，（12）：131.

恽才兴 . 2010. 中国河口三角洲的危机 [M]. 北京：海洋出版社 .

张绪良 . 2006. 莱州湾南岸滨海湿地的退化及其生态恢复、重建研究 [D]. 青岛：中国海洋大学博士学位论文 .

章海波，骆永明，刘兴华，等 . 2015. 海岸带蓝碳研究及其展望 [J]. 中国科学：地球科学，45（11）：1641-1648.

郑凤英，邱广龙，范航青，等 . 2013. 中国海草床的多样性、分布及保护 [J]. 生物多样性，21（5）：517-526.

周晨昊，毛覃愉，徐晓，等 . 2016. 中国海岸带蓝碳生态系统碳汇潜力的初步分析 [J]. 中国科学：生命科学，46（4）：475.

Acreman M，Fisher J，Stratford C，et al. 2007. Hydrological science and wetland restoration：some case studies from Europe[J]. Hydrology and Earth System Sciences，11（1）：158-169.

Alongi D M. 2008. Mangrove forests：resilience，protection from tsunamis，and responses to global climate change[J]. Estuarine Coastal & Shelf Science，76（1）：1-13.

Birdlife International. 2015.*Calidris pygmaea*. the IUCN Red List of Threatened Species 2015[M].

Bouillon S. 2011. Carbon cycle：storage beneath mangroves[J]. Nature Geoscience，4（5）：282-283.

Bullock A，Acreman M. 2003. The role of wetlands in the hydrological cycle[J]. Hydrology and Earth System Sciences，7（3）：358-389.

Costanza R，Darge R，de Groot R，et al. 1997. The value of the world's ecosystem services and natural capital[J]. Nature，387（6630）：253-260.

Costanza R，Folke C. 1997. Valuing Ecosystem Services with Efficiency，Fairness and Sustainability as Goals[A]//Daily G C. Nature's Services：Societal Dependence on Natural Ecosystems[M]. Washington D.C.：Island Press：49-70.

Daily G C. 1997. Nature's Services：Societal Dependence on Natural Ecosystems[M]. Washington D.C.：Island Press.

de Groot R，Brander L，van der Ploeg S，et al. 2012. Global estimates of the value of ecosystems and their services in monetary units[J]. Ecosystem Services，1(1)：50-61.

Dittmar T，Hertkorn N，Kattner G，et al. 2006. Mangroves，a major source of dissolved organic carbon to the oceans[J]. Global Biogeochemical Cycles，20(20)：197-214.

Donato D C，Kauffman J B，Murdiyarso D，et al. 2011. Mangroves among the most carbon-rich forests in the tropics[J]. Nature Geoscience，4 (5)：293-297.

FAO (Food and Agriculture Organization of The United Nations). 2014. The State of World Fisheries and Aquaculture 2014：Opportunities and Challenges[R]. Rome：Food and Agriculture Organization of the United Nations.

Frashure K M，Bowen R E，Chen R F. 2016. An integrative management protocol for connecting human priorities with ecosystem health in the Neponset river estuary[J]. Ocean & Coastal Management，9：255-264.

Fujimoto K，Miyagi T，Murofushi T，et al. 1999. Mangrove habitat dynamics and holocene sea-level changes in the southwestern coast of Thailand[J]. Tropics，8(8)：239-255.

Ghermandi A，van den Bergh J C J M，Brander L M，et al. 2010. Values of natural and human-made wetlands：a meta-analysis[J]. Water Resources Research，46(12)：1-12.

Halpern B S，Longo C，Hardy D，et al. 2012. An index to assess the health and benefits of the global ocean[J]. Nature，488(7413)：615-620.

Hassell C，Boyle A，Loos B，et al. 2016. Red Knot northward migration through Bohai Bay，China，field trip report April & June 2016[R]. Broome：Global Flyway Network.

Hassell C，Boyle A，Slaymaker M，et al. 2013. Red Knot northward migration through Bohai Bay，China，field trip report April & May 2013[R]. Broome：Global Flyway Network.

Herr D，Pidgeon E. 2011. Blue Carbon Policy Framework：Based on the first workshop of the International Blue Carbon Policy Working Group[R]. Gland，Switzerland：IUCN and Arlington，USA：CI.

Herr D，Pidgeon E，Laffoley D. 2012. Policy Framework 2.0：Based on the Discussion of the International Blue[R]. Gland，Switzerland：IUCN and Arlington，USA：CI.

Horstman E M，Dohmen-janssen C M，Narra P M F，et al. 2014. Wave attenuation in mangroves：a quantitative approach to field observations[J]. Coastal Engineering，94：47-62.

Kotze D C，Ellery W N，Macfarlane D M，et al. 2012. A rapid assessment method for coupling anthropogenic stressors and wetland ecological condition[J]. Ecological Indicators，13 (1)：284-293.

Ledoux L，Turner R K. 2002. Valuing ocean and coastal resources：a review of practical examples and issues for further action[J]. Ocean & Coastal Management，45 (9-10)：583-616.

Lee T H. 2013. Influence analysis of community resident support for sustainable tourism development[J]. Tourism Management，34：37-46.

Lee T H，Hsieh H P. 2016. Indicators of sustainable tourism：a case study from a Taiwan's wetland[J]. Ecological Indicators，67：779-787.

Lei W P, Masero J A, Piersma T, et al. 2017. Alternative habitat: the importance of the Nanpu Saltpans for migratory water birds in the Chinese Yellow Sea[J]. Bird Conserv Int, Accepted.

Li X, Yu X, Jiang L, et al. 2014. How important are the wetlands in the middle-lower Yangtze River region: an ecosystem service valuation approach[J]. Ecosystem Services, 10: 54-60.

Ma D, Fang Q, Liao S. 2016. Applying the Ocean Health Index framework to the city level: a case study of Xiamen, China[J]. Ecological Indicators, 66: 281-290.

MA (Millennium Ecosystem Assessment). 2003. Ecosystems and Human Well-being: A Framework for Assessment[M]. Washinton D.C.: Island Press.

MA (Millennium Ecosystem Assessment). 2005a. Ecosystems and Human Well-being: Wetlands and Water Synthesis[M]. Washington D.C.: World Resource Institute.

MA (Millennium Ecosystem Assessment). 2005b. Ecosystems and Human Well-Being: Synthesis[M]. Washinton D.C.: Island Press.

Mckee K L, Cahoon D R, Feller I C. 2007. Caribbean mangroves adjust to rising sea level through biotic controls on change in soil elevation[J]. Global Ecol Biogeogr, 16: 545-556.

Mcleod E, Chmura G L, Bouillon S, et al. 2011. A blueprint for blue carbon: toward an improved understanding of the role of vegetated coastal habitats in sequestering CO_2[J]. Frontiers in Ecology & the Environment, 9(10): 552-560.

Mitsch W J, Gosselink J G. 2015. Wetlands[M]. 5th edition. Hoboken, New Jersey: John Wiley & Sons, Inc.

Nellman C, Corcoran E, Duate C M, et al. 2009. Blue Carbon. A Rapid Response Assessment[R]. GRID-Arendal: United Nations Environment Programme.

Niemeijer D. 2002. Developing indicators for environmental policy: data-driven and theory-driven approaches examined by example[J]. Environmental Science & Policy, 5(2): 91-103.

NRC (National Research Council). 2000. Ecological indicators for the nation[M]. Washington D.C.: National Academies Press.

OECD (Organisation for Economic Cooperation and Development). 1998. Towards Sustainable Development: Environmental Indicators[R]. Paris: OECD.

Que P J, Chang Y J, Eberhart-Phillips L, et al. 2015. Low nest survival of a breeding shorebird in Bohai Bay, China[J]. J Ornithol, 156: 297-307.

Ramsar Convention Secretariat. 2016. An Introduction to the Ramsar Convention on Wetlands, 7th ed (previously The Ramsar Convention Manual) [R]. Gland, Switzerland: Ramsar Convention Secretariat.

Rapport D J, Costanza R, Mcmichael A J. 1998. Assessing ecosystem health[J]. Trends in Ecology & Evolution, 13 (10): 397-402.

Regnier P, Friedlingstein P, Ciais P, et al. 2013. Anthropogenic perturbation of the carbon fluxes from land to ocean[J]. Nature Geoscience, 6 (8): 597-607.

Sierszen M E, Morrice J A, Trebitz A S, et al. 2012. A review of selected ecosystem services provided by coastal wetlands of the Laurentian Great Lakes[J]. Aquatic Ecosystem Health & Management, 15 (1): 92-106.

Spencer C, Robertson A I. 1998. Curtis A. Development and testing of a rapid appraisal wetland condition index in south-eastern Australia[J]. Journal of Environmental Management, 54（2）: 143-159.

The Heinz Center. 2008. The State of the Nation's Ecosystems 2008: Measuring the Lands, Waters, and Living Resources of The United States[M]. Washington D.C.: Island Press.

Twilley R, Chen R H, Hargis T. 1992. Carbon sinks in mangroves and their implications to carbon budget of tropical coastal ecosystems[J]. Water, Air, and Soil Pollution, 64（1-2）: 265-285.

UNEP. 2003. World Center for Ecological Protection[R]. The World Atlas of Seagrasses.

van Niekerk L, Adams J B, Bate G C, et al. 2013. Country-wide assessment of estuary health: an approach for integrating pressures ecosystem response in a data limited environment[J]. Coastal and Shelf Science, 130: 239-251.

Wang Y K, Stevenson R J, Sweetsp R, et al. 2006. Developing and testing diatom indicators for wetlands in the Casco Bay watershed, Maine, USA[J]. Hydrobiologia, 561（1）: 191-206.

Wantzen K M, Rothhaupt K O, Mrtl M, et al. 2008. Ecological effects of water-level fluctuations in lakes: an urgent issue[J]. Hydrobiologia, 613（1）: 1-4.

Wetlands International. 2012. Waterbird Population Estimates, Fifth Edition[R]. Summary Report.

World Center for Ecological Protection. 2003.The World Atlas of Seagrasses[R]. UNEP.

Yang H Y, Chen B, Barter M, et al. 2011. Impacts of tidal land reclamation in Bohai Bay, China: ongoing losses of critical Yellow Sea water bird staging and wintering sites[J]. Bird Conserv Int, 21: 241-259.

Yang H Y, Chen B, Ma Z J, et al. 2013. Economic design in a long-distance migrating molluscivore: how fast-fuelling red knots in Bohai Bay, China, get away with small gizzards[J]. J Exp Biol, 216: 3627-3636.

Yang H Y, Chen B, Piersma T, et al. 2016. Molluscs of an intertidal soft-sediment area in China: Does overfishing explain a high density but low diversity community that benefits staging shorebirds[J]? J Sea Res, 109: 20-28.